한국어판 번역

조민정

대학에서 일어교육학을 전공했으며 일 년간 일본에서 체류하며 일본의 다양한 책을 국내 독자들에게도 소개하고 싶다는 마음으로 번역가의 꿈을 키웠다. 언제나 번역에 대한 열의가 가득하며, 작심삼일일지라도 작업한 책에 나오는 내용대로 실천해보려고 노력한다. 『화석이 되고 싶어』를 작업하고 나서는, 먼 훗날 언젠가 "반려견과 함께 산책하는 인류" 화석으로 발견되고 싶다는 소박한 꿈을 꾸기 시작했다. 아, 그러려면 산책하다가 죽어야 하니 소박한 꿈이 아닌가. 취소다.

주요 역서로는 『개복치의 비밀』, 『법칙, 원리, 공식을 쉽게 정리한 물리 화학 사전』, 『물리와 친해지는 1분 실험』, 『재밌어서 밤새읽는 소립자 이야기』 등이 있다.

한국어판 감수

백두성

고려대학교 지질학과에서 고생물학으로 박사과정을 수료했다. 2003년에 서대문자연사박물관 건립담당자에서 시작해서 지질담당 학예사를 거쳐 전시교육팀장으로 활동했으며, 2020년 9월에 노원우주학교 관장이 되었다.

화석이
되고 싶어

츠치야 켄 지음
조민정 옮김
백두성 감수

한눈에 보는 화석 생성 과정

얌

감수의 글

지금까지 화석에 대한 책은 꽤 많이 출판되었습니다. 지금도 많은 책이 쓰이고 있거나 번역되고 있지요. 그런데 제가 만난 '화석이 되고 싶어'라는 책은 충격이었습니다. 스스로 화석이 되고 싶다니요. 이것은 마치 아이의 장래 희망이 뭐냐고 물었을 때 "티라노사우루스요!"라고 답하는 것과 마찬가지잖아요. 지금까지 제가 읽어본 화석에 대한 책 중에서, 아니 어쩌면 제가 지금껏 읽어본 책 중에서 가장 상상력이 뛰어난 책이라고 생각합니다.

하지만 달리 생각해 보면 누군가를 혹은 무언가를 가장 잘 이해하는 방법은 상대방이 되어보는 것이라고 하잖아요. 그러니 화석에 대해 알아보려면 화석이 되어보는 것이 가장 좋은 방법이겠지요.

그런데 단순히 상상력이 뛰어난 책이라고만 생각하면 오산입니다. 이 책에서는 화석이란 무엇인가로부터 시작해서 어떤 환경에서 화석이 될 수 있고 어떤 때에는 화석이 될 수 없는지를 알려주고 있습니다. 동굴이나 늪지대, 화산에서 영구동토까지 다양한 환경에서 화석이 될 때 어떤 것은 남고 어떤 것은 흔적없이 사라지는지를 알 수 있습니다. 어떻게 생겼나를 알려주는 화석에서 어떻게 살았는지를 알려주는 화석까지 아주 자세하고 알기 쉽게 설명해주는 책이어서 이 책을 읽다보면 정말 내가 화석이 되어가는 느낌을 받을 수 있습니다.

이 책의 장점은 전세계의 유명한 화석들은 물론 원작자의 나라인 일본의 다양한 화석산지를 소개하고 있다는 것이지만 이것이 아쉬움으로 남기도 합니다. 우리나라에서도 다양한 화석이 발견되고 있으니까요. 앞으로 좀 더 다양한 우리나라 화석을 소개할 기회가 있길 기대합니다.

　여러분도 이 책을 모두 읽으신 뒤에 한번 상상해 보세요. 내가 화석이 된다면 어떤 모습이 되고 싶은지. 저는 발자국 화석을 남기면서 후세의 사람들에게 궁금증을 남겼으면 하는데, 너무 깊은 발자국을 남기지 않으려면 지금부터라도 다이어트를 해야겠습니다.

백두성
(노원우주학교 관장, 전 서대문자연사박물관 전시기획팀장)

머리말

화석 化石·fossils
지질 시대에 살았던 생물(고생물)의 유해 및 생활 흔적(이하 생략)
『고생물학 사전 제2판(古生物學事典 第2版)』(일본고생물학회 편집, 朝倉書店)

'화석'이라는 단어를 들으면 여러분의 머릿속엔 어떤 이미지가 떠오르는가? 박물관에 전시된 공룡의 골격 표본? 암모나이트? 혹은 호박 속에 갇힌 곤충? 아니면 영구 동토에서 발견된 냉동 매머드?

고생물학에는 '화석화과정학Taphonomy'이라는 분야가 있는데, 화석이 어떻게 해서 생기는지 밤낮없이 연구하는 곳이다. 이 책은 바로 그 화석화과정학을 주제로 하고 있다.

왠지 어려울 것 같다고? 자신 있게 말하는데, 하나도 어렵지 않다.

누구나 한 번쯤은 생각해 보았을(것이라고 나는 확신한다) '화석은 어떻게 해서 만들어질까?', '나도 화석이 될 수 있을까?' 같은 의문에 대한 답을 다양한 관점으로 접근한다. 이것은 여러분의 지적 호기심을 자극하는 '살짝 다크한 관점'의 과학. 그렇다, 이 책의 목적은 전문 지식이 아니라 엔터테인먼트로서 화석화과정학을 즐기는 데 있다.

왜 뼈는 화석으로 남기 쉬울까? 왜 암모나이트는 껍데기만 암석 속에 잠들어 있을까? 호박 속 곤충에 모 영화처럼 정말 DNA가 남아 있을까? 냉동 매머드는 왜 쭈글쭈글할까?

이같은 화석과 관련된 단순한 의문에 대해서도 답을 준비해 두었다. '화석이 만들어지는 과정'을 알아가면서 '만약 내가 화석이 된다면?'이라는 상상을 마음껏 펼쳐 보자.

이 책은 규슈 대학 종합 연구 박물관의 마에다 하루요시前田晴良 교수가 전체적인 감수를 맡았다. 또 결핵체concretion에 관해서는 나고야 대학 박물관의 요시다 히데카즈吉田英一 교수, 인류학자의 시점에 대해서는 국립 과학박물관 인류 연구부의 가이후 요스케海部陽介 인류사 연구 대표의 도움을 받았다. 표본 촬영은 뮤지엄 파크 이바라기 현 자연 박물관, 나고야 대학 박물관 측이 맡았다. 또한 전 세계의 박물관 관계자, 연구자분들에게 귀중한 표본 사진을 제공받았다. 바쁘신 와중에도 도움을 주신 분들께 정말 감사드린다. 특히 사진은 역사적 표본을 다수 실었으니 실컷 만끽하시기를! ……그만큼 내가 앞서 낸 '고생물의 검은 책' 시리즈 등에 비해 가격은 높아졌지만 그만큼의 가치가 있는 내용이라고 생각한다.

이 책을 함께 만든 이들은 모두 '고생물의 검은 책' 시리즈의 멤버들이다. 자칫 잘못하면 그로테스크해지기 쉬운 주제를 '부드러운 그림'으로 살려준 에루시마 사쿠 씨. 사진 촬영은 야스토모 야스히로安友康博 씨, 그리고 작도는 나의 아내인 츠치야 가오리土屋香가 맡았다. 또한 감각적인 디자인은 WSB inc.의 요코야마 아키히코横山明彦 씨. 편집은 두 앤 두 플래닝의 이토 아즈사伊藤あずさ 씨, 기술평론사의 오쿠라 세이지大倉誠二 씨가 힘써주었다.

마지막으로 지금 이렇게 이 책을 펼쳐 주신 여러분에게 최대한의 감사를 드린다. '화석이 되는 방법'이라는 고생물학의 '근원'과 관련된 심플한 의문에 대한 답을 담은 이 책을 마음껏 즐겨주시길 바란다.

모쪼록 여러분의 지적 호기심을 채우는 데 도움이 될 수 있다면 저자로서 큰 기쁨이겠다.

2018년 7월

츠치야 켄

당신에게 딱 맞는 화석 찾기!

여러분이 되고 싶은 화석은 어떤 장에 소개됐을까?
머릿속에 그린 화석의 이미지와 가장 가까운 답을 찾아보자.

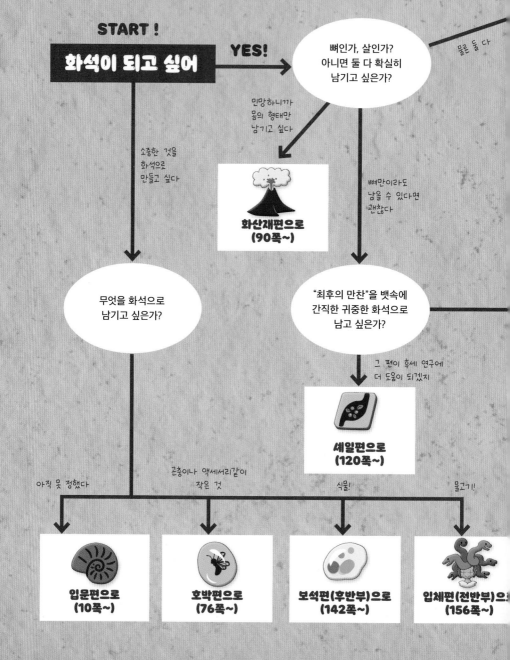

START !

화석이 되고 싶어   **YES!**

뼈인가, 살인가?
아니면 둘 다 확실히
남기고 싶은가?

물론 둘 다

민망하니까
몸의 형태만
남기고 싶다

소중한 것을
화석으로
만들고 싶다

**화산재편으로
(90쪽~)**

뼈만이라도
남을 수 있다면
괜찮다

무엇을 화석으로
남기고 싶은가?

"최후의 만찬"을 뱃속에
간직한 귀중한 화석으로
남고 싶은가?

그 편이 후세 연구에
더 도움이 되겠지

**셰일편으로
(120쪽~)**

아직 못 정했다

곤충이나 액세서리같이
작은 것

식물!

물고기!

**입문편으로
(10쪽~)**

**호박편으로
(76쪽~)**

**보석편(후반부)으로
(142쪽~)**

**입체편(전반부)으로
(156쪽~)**

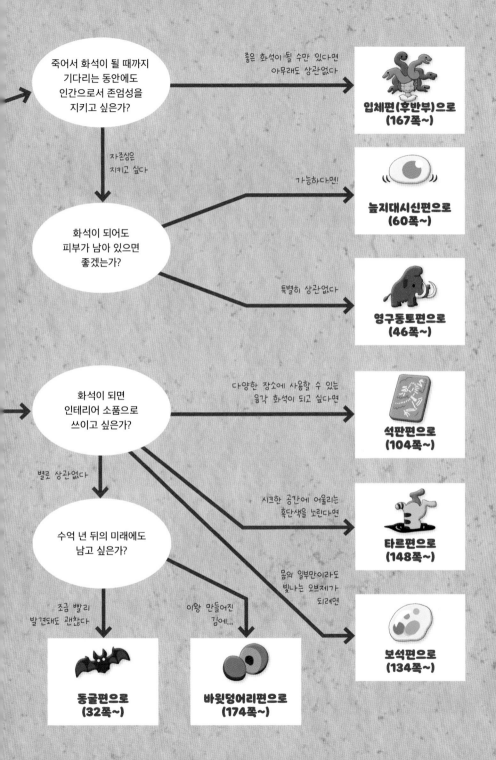

죽어서 화석이 될 때까지
기다리는 동안에도
인간으로서 존엄성을
지키고 싶은가?

좋은 화석이 될 수만 있다면
아무래도 상관없다

입체편(후반부)으로
(167쪽~)

자존심은
지키고 싶다

화석이 되어도
피부가 남아 있으면
좋겠는가?

가능하다면!

늪지대시신편으로
(60쪽~)

특별히 상관없다

영구동토편으로
(46쪽~)

화석이 되면
인테리어 소품으로
쓰이고 싶은가?

다양한 장소에 사용할 수 있는
음각 화석이 되고 싶다면

석판편으로
(104쪽~)

별로 상관없다

시크한 공간에 어울리는
흑단색을 노린다면

타르편으로
(148쪽~)

수억 년 뒤의 미래에도
남고 싶은가?

몸의 일부만이라도
빛나는 오브제가
되려면

보석편으로
(134쪽~)

조금 빨리
발견돼도 괜찮다

이왕 만들어진
김에...

동굴편으로
(32쪽~)

바윗덩어리편으로
(174쪽~)

목차

1 입문 편

화석이 되는 기본 열쇠

2 동굴 편

인류 화석 실적 No. 1!

3 영구 동토 편

천연 '냉동고'로

입문 편

화석이 되는 기본 열쇠

화석이란 무엇일까?

죽으면 화석이 되고 싶어.

그런 생각을 해본 적 없는가? 박물관에 전시된 공룡 골격 표본을 보고 '아아, 죽으면 저 옆에 같이 전시되어도 좋을 것 같아.' 하고 생각해본 적은? 혹은 자기가 소중히 여기는 뭔가를 화석으로 만들어 먼 훗날 인류(또는 지적 생명체)에게 발굴되면 좋겠다고 생각한 적은 없는가?

……앗, 그런 생각은 해 본 적도 없다고? 정말로?! 그런 여러분이라도 부디 이 책을 덮지 말고 조금만 기다려 주기 바란다. 적어도 이 입문 편을 다 읽었을 즈음이면 화석이 된 자신의 모습을 상상하며 두근거릴 게 틀림없으니까.

고생물학 분야 중에 화석이 되는 과정을 연구하는 학문이 있다. 고생물 화석을 연구할 때 '그 화석이 어떻게 해서 만들어 졌는지' 아는 것은 무척 중요하다. 고생물학의 전반적인 '기초' 가 되는 이 학문을 화석화과정학Taphonomy이라고 부른다.

기왕에 화석이 되고 싶다고 마음먹었다면 이번 기회에 화석화과정학의 세계로 한 걸음 들어가, 자신이 원하는 모습의 화석으로 남아보지 않겠는가?

그런데 여러분이 생각하는 '화석'은 어떤 모습인가?

예컨대 여러분의 골격을 복원된 공룡 전신 골격 옆에 전시한다고 가정해 보자. 그러려면 죽은 후에 뼈를 다시 짜 맞추기만 하면 된다. 이른바 '골격 표본'이다. 학교 과학실에 가면 흔히 볼 수 있는 바로 그것이다.

투명 표본⁰¹이 되는 방법도 있다. 화학약품 처리를 해서 근육과 기타 연조직을 투명하게 만들고 경조직을 염색해서 만드는 표본이다. 경험 있는 기술자의 손을 거치면 안구 등 연조직의 색을 다르게 입히는 것도 가능하다. 오랫동안 보관하려면 온도를 철저히 관리하는 등 그에 맞는 관리 체제를 세워야 하겠지만, 그렇더라도 정말 아름다운 표본이 완성될 것이다(나는 사람만 한 대형 투명 표본을 아직 본 적이 없지만……).

내가 생각하는 화석은 그런 게 아니야, 하면서 책을 덮고 싶어진 사람도 있지 않은가?

지당하신 말씀이다. 왜냐하면 과학실에 있는 골격 표본이나 투명 표본은 화석이 아니니까.

그렇다면 '화석'이란 무엇일까?

한자로 쓰면 돌石로 '변하다化'니까 화석은 돌처럼 딱딱한 것, 이렇게 생각하지는 않았는지?

물론 화석이 된 나무 중에는 두드렸을 때 꼭 금속 같은 소리를 내는 것도 있다. 또 뼈 화석 중에는 묵직하고 마치 둔기처럼 단단해서 위험해 보이는 것도 있다.

하지만 예컨대 나뭇잎 화석⁰²은 돌처럼 단단하지 않다.

그 밖에도 만지면 부스스 가루가 될 것만 같은 나무 화석이

02
나뭇잎 화석
세세한 부분까지 남아 있
는 양치식물 넉줄고사리
화석. 도치기(栃木)현 나
스시오바라(那須塩原)시
에서 발견. 기노하(木の
葉) 화석원 소장 표본. 단
단하지 않다.

사진: Office
GeoPalaeont

라든지 흐물흐물 뭉개질 것 같은 뼈 화석 등도 발견된 바 있다.
살아 있을 적에는 단단했을 테지만 지금은 살짝 건드리기만 해
도 깨질 정도로 물러진 조개껍데기 화석도 있다. 이처럼 '화석'
은 꼭 돌처럼 단단한 것만 있는 게 아니다.

애당초 화석을 뜻하는 영어 'fossil'는 '돌'이라는 의미가 없
다. 어원은 라틴어 'fossilis'로 '발굴된 것'이라는 뜻이다. 그렇

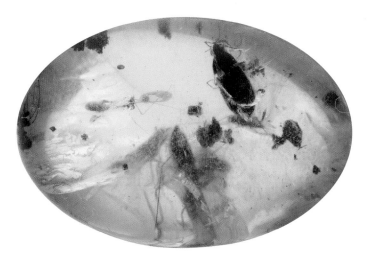

게 생각하면 화석이 꼭 돌처럼 단단할 필요는 없는 것이다. 시
베리아의 영구 동토에서 발견된 냉동 매머드[03]나 호박 속에 갇
힌 곤충들[04] 처럼 언뜻 보기에 돌 같지 않은 표본도 엄연한 화
석이다.

참고로 '돌로 변하다'라는 문장에서 연상되는 단단한 화석

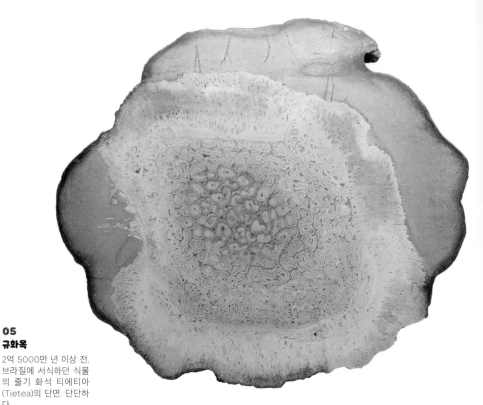

05
규화목

2억 5000만 년 이상 전,
브라질에 서식하던 식물
의 줄기 화석 티에티아
(Tietea)의 단면. 단단하
다.

사진: Office
GeoPalaeont

이라고 해서 반드시 살아 있었을 때와 다른 화학 성분으로 변
한 것은 아니다. 예를 들어 암모나이트나 삼엽충 껍데기 화석
은 대부분 살아 있었을 때와 같이 탄산칼슘이 주성분이다. 척
추동물 뼈 화석의 주성분도 대체로 살아 있었을 때와 마찬가지
로 인산칼슘이다. 이러한 화석이 단단하게 굳는 것은 뼈 혹은
껍데기의 내부에 있는 크고 작은 틈새를 지층 속 화학 성분이
메웠기 때문이다.

그럼 다시 묻겠다. '화석'이란 무엇일까?

대답하기 어려우면 사전을 펼쳐 보아도 좋다. 일본 고생물학
회가 편집한 『고생물학 사전 제2판』에 실린 '화석'의 정의를 보
면 '지질 시대에 살았던 생물(고생물)의 유해 및 생활 흔적'이라

06
공룡 발자국
미국 애리조나주에서 확인된 공룡 발자국. 이것 역시 어엿한 화석이다.

사진: Mark Higgins / Dreamstime.com

고 나와 있다.

이 '생물이 만든 흔적'에는 발자국**06**과 둥지, 배설물 등이 있다. 여러분이 직접 화석이 되지 않아도 여러분이 살았던 흔적이 남으면 화석이라고 할 수 있는 셈이다.

한편 '생물'로 한정된 이상, 인공물은 화석에 들어가지 않는다. 토기나 석기 등의 도구는 아무리 오래된 지층에서 발견되었다 하더라도 화석이 아니다.

수천 년 전 사람(주로 부유층)의 유해. 다양한 방부 처리로 보존되어 있다. 화석은 아니다.

참고로 토기와 석기는 '고고 유물'에 해당한다. 혹은 단순히 '유물'이라고도 하는데, 고생물학이 아니라 고고학의 연구 대상이다. 인류의 유해 역시도 문명 성립 이전의 것은 화석에 속하지만, 문명 성립 이후의 것은 화석으로 보지 않는다. 이해하기 쉬운 예를 들자면 네안데르탈인의 뼈는 화석인 반면, 고대 이집트의 미라는 화석이 아니다. 이 원칙을 바탕으로 하면 여러분은 문명인이므로 아무리 화석이 되고 싶어도 정의상으로는 고고 유물에 속할 뿐이리라. 이래서는 본전도 못 찾으니, 이 책에서는 다음과 같이 다시 정의하겠다. 여러분이 앞으로 '화석으로 남기고 싶다'고 생각하는 것(여러분 자신을 포함해)은 화석으로 간주하여, 고생물학적인 고찰 대상이 된다고 말이다.

그런데 '화석이 되는 것'은 합법일까?

이번에는 법률적으로 접근해 보자. 예컨대 여러분이 '저는 화석이 되고 싶으니까 죽고 나면 이렇게 저렇게 해 주세요' 하고 유서를 남긴다고 해도 사실은 몇 가지 장애물이 기다리고 있다.

우선 화석이 되려면 죽은 다음 땅에 묻혀야 한다. 그런데 이 사회에는 '묘지 및 매장에 관한 법률'이라는 것이 있다. 우리가 단순히 '땅에 묻히는 것'에 관해 아주 상세하게 언급해 놓은 법률이다.

특히 제2장 '매장, 화장 및 개장'의 제4조에 있는 아래 1항에 주목하기 바란다(대한민국 법령의 경우 '장사 등에 관한 법률' 제7조에 있다. - 옮긴이)

유골함 속에 이렇게 들어
가 버리면 화석이 될 수
없다. 애당초 화석을 만들
려면 화장은 절대 금지!

이 한 문장이 '우리가 화석이 되는
것'을 크게 제약하고 있다. 어차피 묻
힐 거면 원하는 장소나 화석이 되기
쉬운 장소…… 하고 누구나 생각
할 것이다. 그런데 자신이 묻힐 장소
를 마음대로 선택하면 위법이다.

'묘지'에 매장하는 것 또한, 현대 일본의 경우는 땅에 바로
묻지 않고 주로 화장해서 유골함에 담는 경우가 대부분이다.
이런 상태로 묘석 아래, 돌과 콘크리트로 된 공간에 넣어져서
는 화석이 될 수가 없다.

여기서 '그럼 뼈를 뿌리는 건?' 하고 생각한 사람도 있을지
모르겠다. 바다나 산 등지에 화장한 분골을 뿌리는 매장법이다.
자연에 뼈를 뿌리는 게 가능하다면 그대로 땅에 묻힐 수도 있
을 것 같기는 하다.

그런데 뼈를 뿌리는 것은 좀 미묘한 문제다. 말 그대로 '뼈를
뿌리는' 행위는 묘지 및 매장에 관한 법률뿐 아니라 일본 형법
제24장 제190조에 저촉될 가능성이 있다. 그 조문은 다음과
같다.

이른바 사체 유기 등의 죄다.

이런, 콩밥 신세다!

여러분이야 죽었으니 상관없겠지만, 도와준 사람에게 엄청난 민폐가 아닌가.

다만 유골을 뿌리는 경우, 화장한 뼈는 곱게 바수어져 사실상 '재'가 되기 때문에 형법에서 정한 '사체'나 '유골' 등에는 해당하지 않는다……고 간주하는 모양이다. 그렇다고 해도 아무 데나 뿌려도 되는 것은 아니고, 민법에서도 여러 가지 제약을 하고 있다. 만약 유골을 뿌리고 싶다면 잘 알아 보고 하는 게 좋겠다. 물론 이 책을 읽고 있는 여러분이야 '곱게 갈려 사실상 재가 된 상태'는 애초에 검토 대상에서 제외하겠지만.

화학 분석을 하면 사람의 뼈라는 사실이 밝혀질 수 있겠지만, 어쨌든 재는 재이고 원형을 잃어버렸으니……, '화석이 되고 싶다'는 희망과는 거리가 아주 멀어진다.

그렇다면 '사람'이 아닌 경우는 어떨까? 이 책의 담당 편집자는 어렸을 적 기르던 거북이 죽자 화석으로 남길 수 없는지 고민했다고 한다. 과연 동물의 경우라면 '여기에 묻고 싶다'라고 생각한 장소에 묻을 수 있을까?

안타깝게도 법률이란 그리 허술하지 않아서 아주 상세한 부분까지 다 정해 놓았다. 동물 사체는 '폐기물 처리 및 청소에 관한 법률'이 적용된다. 동물 사체는 '일반폐기물'(동물을 사랑하는 사람으로서는 받아들이기 어려운 표현이다. 나 역시 개 두 마리를 가족으로 반려하고 있어 몹시 유감스럽게 느낀다)로 취급된다. 한편 '동물 장묘업에서 취급하는 동물 사체'는 폐기물에 해당하지 않는 것으로 본다(우리나라의 경우에도 현재까지 '폐기물처리법'이 적용되고 있다. 동물병원에서 죽었다면 의료폐기물, 그 외에는 생활폐기물로 분류한다. - 옮긴이).

하지만 장묘업체에 맡겨 매장하더라도 화석이 되기를 기대할 수는 없다. 사람과 마찬가지로 동물 사체도 유골함에 담아 매장하는 경우가 대부분이기 때문이다. 이래서는 '땅에 묻힌 상태'가 될 수 없다.

그렇다면 표현은 좀 그렇지만, 법률상으로는 역시 '일반폐기물'로 분류되어 화석이 될 필요가 있어 보인다. 이 경우 공유지나 타인의 사유지에 묻는 것은 불법이다. 일본 환경성에 따르면 사육자가 '자기 소유지에 매장 등'을 하는 것은 허용한다고 한다. 단, 부패 및 악취 대책을 비롯하여 여러 가지 해결해야 할 문제가 있다. 관련 웹사이트를 몇 개 정도 조사해 보았는데, 전부 '대형 동물은 현실적으로 어렵다'고 되어 있었다.

참고로 공유지 등에 동물 사체를 묻는 경우는 경범죄 처벌법 조문

* 공공의 이익에 반해 함부로 쓰레기, 동물 사체 및 기타 오염물과 폐기물을 유기하는 자

에 해당한다. 동물이라도 '여기에 묻고 싶다', '이 장소에서 화석이 되었으면 좋겠다'는 생각은 실현되기 힘들 것 같다.

자, 이렇게 보면 여러분이 '화석이 되고 싶다'거나 '화석으로 남기고 싶다'고 생각해도 현실적으로 어렵다는 걸 알 수 있다. 그래서 나는 어디까지나 사고실험으로써 이야기를 진행해나가려 한다. 부디 이 책을 절대 '실천서'로 받아들이지 않기를 당부드린다.

말하자면 이런 이야기다.

착한 어린이는 절대 따라하지 마세요.

어떤 방법으로 죽어야 할까?

당연한 말이지만 화석이 되려면 일단 죽어야 한다.

사람뿐 아니라 모든 동물은 살아 있는 한 대사 활동에 의해 조직이 계속 새로 갱신된다. 뼈와 껍데기 같은 경조직이든, 피부 같은 연조직이든 상관없이 말이다. 하지만 화석은 '시간이 멈춘 상태'이므로, 화석이 되려면 죽어서 갱신 작업을 멈추어야 한다. '화석이 된 내 모습이 보고 싶어!'라는 생각은 '어른이 되면 티라노사우루스가 되고 싶어!'라고 하는 것이나 다름없는 ……아니, 어쩌면 그 이상으로 이루기 힘든 소원이다.

일반적 혹은 교과서적인 화석 탄생의 메커니즘은 다음 세 단계로 이루어진다.

1단계 죽음
2단계 유해가 땅에 묻힘
3단계 '석화'됨

각 단계를 좀 더 자세히 살펴보자.

우선 1단계 '죽음'.

이는 앞에서 말했듯 살아 있는 동안에는 화석이 될 수 없으니 반드시 필요한 과정이다.

그런데 어떻게 죽어야 될까?

우선 사고사부터 살펴보자. 자세한 내용은 뒤에 다시 설명하겠지만, 사실 실제로 화석이 된 생물은 대부분 천수를 누리지 못했다. 어떤 사건으로 인해 '비명횡사'한 것들뿐이다. 하지만 우리가 화석이 되거나 또는 화석을 만드는 것을 목표로 한다면 사고사는 바람직하지 않다. 특히 교통사고나 높은 곳에서

화석이 탄생하는 '전형적' 3단계

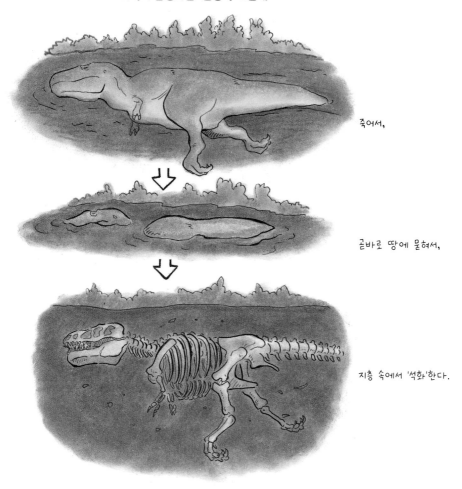

죽어서,

곧바로 땅에 묻혀서,

지층 속에서 '석화'한다.

의 추락사 등 '물리적 사고사'는 피해야 한다. 땅에 묻히기 전에 몸에서 어떤 부분이 떨어져 나가 사라진다거나 변형되어 버린다거나 심각하게 손상될 가능성이 있다. 나중에 다시 다루겠지만, 화석이 되기 위한 각 단계를 고려하면 물리적 타격은 최대한 줄이는 것이 좋다.

죽은 후 유해가 망가져 버리면 화석으로 보존될 가능성이 급격하게 낮아진다. 아아, 물고 가지 마⋯⋯.

독극물 등에 의한 '화학적 사고사'도 정도에 따라서는 내장과 뼈에 심각한 타격을 줄 수 있으므로, 이 또한 피하는 것이 좋다. 같은 이유로 병사 역시 마찬가지다.

육식동물에 의한 죽음은 사고사 이상으로 좋지 않다. 이 경우 결국 유해가 맞이하는 운명은 단 하나, 그 육식동물의 위장행이기 때문이다. 피부가 갈라지고, 살점이 갈기갈기 찢기고, 뼈는 가루가 되어 위산에 녹는다. 화석 운운하기 전에 유해 자체가 거의 남지 않는다.

물론 '후세에 연구 소재를 제공한다'는 의미에서는 육식동물에게 잡아먹혀 죽는 선택지도 꼭 나쁘지만은 않다. 또 낮은 확률이긴 하지만, 여러분을 먹은 육식동물이 곧바로 죽어서 화석이 되면 당신의 유해 일부도 같이 남을 수 있다. 그렇게 되면 후세의 연구자야 '이게 웬 떡?' 하며 환영할 것이다. 그 육식동물의 생태를 탐구할 수 있는 절호의 기회니까 말이다.

07
**티라노사우루스의 분변
화석**
부피가 2ℓ나 되는 분변화
석. 초식공룡을 소화시키
다 남은 뼛조각이 섞여 있
다. 단단하다. 냄새는 나
지 않는다.
사진: the Royal
Saskatchewan
Museum

또 육식동물에게 잡아먹혀 잘게 조각난 다음 다른 것들과
섞여서 항문으로 배출되는 것 역시 기대해봄 직하다.

그렇다, 바로 배설물(똥)이다. 동물의 배설물은 화석으로 남
을 수 있는데 이를 분변화석coprolite[07]이라고 부른다. 분변화석
을 분석하면 당시에 살았던 동물이 무엇을 먹었는지 단서를 얻
을 수 있다.

원래 배설물은 연조직과 마찬가지로 화석이 되기 어렵다. 다
만 특정 동물이 평생 배설한 막대한 양을 생각하면 그중에는
화석으로 남는 것도 여럿 있을 것이다. 분변화석으로 남고(혹은
남기고) 싶다면 그 일말의 확률에 걸어 봐도 좋겠다.

이렇게 '헌신적인 예'를 보면 역시 '웬만하면 전신이 온전하
게 화석으로 남을 수 있는 경우'의 이상적인 죽음이란 사고 당
하지 않고 병에 걸리지도 않고, 순식간에 꼴까닥 죽는 것이다.

그중에서도 뼈와 치아를 화석으로 남기고 싶으면 특히 건강
에 유념해야 한다. 척추동물에게 뼈와 치아는 몸을 구성하는
가장 단단한 부분이어서, 화석으로 남기 제일 쉽다. 이것들은
주로 두 가지 성분으로 구성되어 있다. 단백질의 일종인 콜라

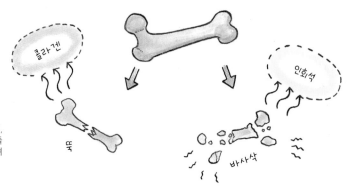

유연성과 관련된 콜라겐, 굳기와 관련된 인회석. 둘 중 하나라도 부족하면 뼈가 잘 부러진다.

겐과 인회석이라는 광물이다.

콜라겐은 뼈의 탄력과 밀접한 관련이 있다. 콜라겐이 완전히 소실되면 뼈에 탄력이 사라져서 부러지기 쉬워진다.

인회석은 뼈의 강도에 관여한다. 가령 인회석이 소실되고 콜라겐만 남았을 경우, 탄력은 있어도 뼈로서의 단단함을 유지할 수 없다.

그렇기에 살아 있는 동안 콜라겐과 인회석을 균형 있게 함유한 튼튼한 뼈를 만드는 것이 중요하다. 참고로 인회석의 주성분은 인산칼슘이므로, 흔히 말하듯 평소에 칼슘을 충분히 섭취하는 게 좋다.

뼈와 치아의 주성분을 생각하면 죽은 후에 화장하는 것은 기본적으로 피해야 한다. 콜라겐은 열에 약하기 때문이다. 화장하면 콜라겐이 완전히 없어지고 인회석만 남게 된다. 그렇게 되면 뼈가 물러져서 화석이 되는 나중 단계 때 부러지기 쉬워진다. 다만 '화장'에는 예외도 있는데, 그 이야기는 뒤에 다시 소개하기로 한다.

질병이나 사고 없이 곧바로 꼴깍 죽은 다음 화장하지 않고 '그곳에 그대로 있다'는 조건이 만족되면 그 다음 단계는 '유해

땅에 묻히지 않으면 동물의 공격을 받지 않더라도 자연스레 망가진다……. '곧바로 묻히는 것'은 정말 중요하다.

가 땅에 묻히는 것'이다.

좌우지간 중요한 포인트는 한 가지, 장시간 묻히지 않은 채 방치되면 안 된다는 것이다. 유해가 오랜 시간에 걸쳐 밖에 계속 노출되는 것을 피하고 신속하게 묻혀야 한다.

이유는 아주 많다.

그중 하나는 앞에서 언급한 '죽음 단계'와 마찬가지인 이유로 육식동물의 먹이가 되기 때문이다. 가죽은 뜯기고 살점은 갈기갈기 찢기고 뼈는 가루가 되고 때로는 육식동물이 몸의 어떤 부위만 물고 가버릴 수도 있다. 죽었기 때문에 당연히 달아날 수도 없다. 이런 경우 전신을 온전히 화석으로 남기는 것은 단념해야 한다.

설령 육식동물이 없는 장소라 할지라도 대부분은 미생물 등에 의해 근육과 장기 등 연조직이 분해되고 뼈가 그대로 노출된다. 그리고 비바람의 작용을 받는데, 비에 산성 성분이 포함되어 있으면 뼈가 녹는다. 또 모래나 진흙 등 미세한 입자가 바람에 실려와 뼈를 때리면 점차 깎이고 파괴되고 만다. 게다가 기온 변화가 심한 장소라면 온도 차이 역시 뼈에 좋지 않다.

이러한 파괴 작용으로부터 뼈를 지키려면 땅에 신속하게 묻히는 방법밖에 없다.

참고로 자연계의 동물이 어느 정도의 비율로 사후에 '매몰'까지 이르는지에 관해서는 로널드 마틴Ronald E. Martin이 쓴 『화석화과정학Taphonomy: A Process Approach』에 1980년대의 연구가 소개되어 있다. 이 연구에 따르면 어떤 척추동물의 유해가 250두 있다고 할 때, 육식동물에 의한 파괴를 면하는 것은 150두 정도. 그중에서 비바람의 작용을 피해 땅에 묻힐 수 있는 것은 50두 정도라고 한다. 즉 '5분의 1'의 확률이다. 높은 확률처럼 느껴질지도 모르지만, 이건 어디까지나 '몸의 일부만 남으면 된다'라는 생각으로 한 계산이다. 개체 하나당 뼈가 얼마나 남는가라는 시점에서 보면 그 개체에 뼈가 152개 있다고 할 때, 매몰까지 무사히 이를 수 있는 것은 고작 8개 정도라고 한다. 많은 경우 유해는 전신이 온전히 보존되기 힘든 셈이다.

참고로 무사히 묻혔다 하더라도 절대 방심해서는 안 된다. 지각 변동에 따라 지층이 휠 수도 있고 때로는 갈라지고 끊어지기도 한다. 그런 의미에서는 화산 활동이나 지진과 별로 인연이 없는 지역, 이를테면 대륙의 내륙부 등을 '묻히는 장소'로 추천한다.

자, 이제 마지막 단계인 '석화'다. 석화라고 하니, 마치 그리스 신화에 나오는 괴물이 노려보기라도 하는 듯한 느낌이 들지 않는가? 하지만 반드시 단단한 화석만 있는 게 아니고, 단단하더라도 주성분이 변하지 않는 경우도 있다고 앞에서 밝힌 만큼, '석화'는 다소 어폐가 있는 단어다.

화석이 되기 위한 '석화'는 요컨대 땅속에서 받는 작용에 의한 것이다. 압력과 열, 주위 지층의 화학 성분 등 다양한 영향을 받으며 화석이 완성되어 간다.

삼림지대의 두터운 토양 아래에 있는 화석은 발견하기 어렵다. 그 어떤 명견을 데려와도 한계가 있다.

　무사히 화석이 되었다면 이번에는 신속하게 발견되어 사람(등 지적 생명체)의 손에 의해 안전한 장소에 보관되는 것이 이상적이다. 기껏 화석이 되었는데 누구의 눈에도 띄지 않는다면 안 된 것만 못하지 않은가.

지층에서 노출된 순간부터 비바람의 '공격'을 받는다. 빨리 발견되어 채집·발굴되는 것이 중요하다. 빨리 날 찾아내줘⋯⋯.

화석이 발견되려면 그 화석이 묻힌 지층이 노출되어야 한다. 일반적으로 삼림지대 등지는 식물이 토양을 뒤덮고 있으므로 지층이 발견되지 못해 화석 탐사 자체가 힘든 경향이 있다.

반대로 토양의 조건이 나쁜 장소, 이를테면 황야 같은 지역이나 토양이 휩쓸려가 지층이 노출된 얕은 골짜기나 하천, 해안 등에서는 화석을 발견하기 더 쉽다.

그런데 '화석을 발견하기 쉽다'는 것은 곧 '화석이 부서지기 쉽다'는 뜻이나 마찬가지다. 지층에서 노출된 화석은 비바람의 파괴 작용을 그대로 맞는다. 따라서 노출된 시점으로부터 최대한 빨리 발견되어야 한다. 아무리 황야 쪽이 화석을 발견하기 더 쉽다고 해도, 마을 또는 도로와 멀리 떨어진 인적이 드문 장소를 선택하는 것은 엄청난 도박이다.

이렇게 묻힐 장소도 꼼꼼히 따져야 한다. 나아가 현 시점만 생각하는 게 아니라 미래에 그 지역의 환경이 어떻게 변할지도 잘 예상해야 한다.

'화석 광맥'이라는 최적의 장소

기왕 화석이 되는데, 웬만하면 '질 좋은 화석'이 되고 싶지 않은가? 그러니까 가능하면 온몸이 통째로 화석이 되면 좋을 것이다. 근육과 내장 등도 남길 수 있다면 화석으로서 희소가치도 훨씬 올라간다.

그런데 몸집이 큰 생물일수록 전신 화석이 남기 힘든 경향이 있다. 예를 들어 길이 30미터가 넘는 공룡 아르겐티노사우루스*Argentinosaurus*는 화석이 발견된 부위가 척추 몇 개 등 지극히 일부분밖에 없다. 육식 공룡의 대명사로 알려진 총 길이 12미터의 티라노사우루스*Tyrannosaurus* 화석은 지금까지 약 50개의 표본이 공식적으로 보고되었음에도 불구하고 전신 보존율은 60퍼센트를 넘는 게 얼마 없으며, 80퍼센트를 넘는 것은 전무하다. 키가 수십 미터나 되는 거목 화석 역시 대체로 일부분만 남아 있다. 이러한 동식물은 발견된 부위와 친척뻘 되는 종의 정보를 긁어 모아 전체적인 크기를 추측한다.

한편 현미경 없이는 알아볼 수 없는 아주 작은 화석은 전신이 보존된 경우가 많으며, 아주 미세하게 울퉁불퉁한 부분까지 깨끗하게 남아 있는 것도 적지 않다. 이 훌륭한 화석은 뒤에서 다시 소개하겠다.

그런데 왜 몸집이 큰 생물일수록 화석으로 남기 어려울까? 여기에는 여러 가지 이유가 있다.

몸집이 크면 유해가 다른 동물의 눈에 더 잘 띄어 그만큼 공격받기 쉽다. 또 땅에 묻히려면 시간이 걸리기 때문에, 전신이 다 묻히기도 전에 비바람을 맞아 손상되고 만다.

게다가 크기가 클수록 땅 속에서도 망가지기 쉽다. 지층이 갈라져 비틀어지면 유해도 분리되어 버리고, 지층이 휘면 그

압박에 의해 변형되고 만다. 작으면 무사히 넘길 수 있는 지각 변동도 몸집이 크면 타격을 많이 받게 된다.

지표에 노출된 후에도 발견되기 전까지 비바람과 하천 등에 의해 점점 깎여나간다.

또 앞에서 잠시 언급했듯이 근육과 내장 등 연조직은 뼈와 치아, 껍데기 등의 경조직에 비해 화석으로 남기 어렵다. 대부분은 화석이 되기 전에 생물에 의해 분해되기 때문이다.

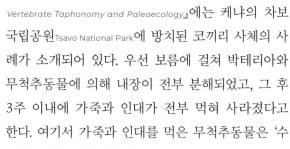

1980년 발행된 책 『화석 만들기*Fossils in the Making; Vertebrate Taphonomy and Paleoecology*』에는 케냐의 차보 국립공원Tsavo National Park에 방치된 코끼리 사체의 사례가 소개되어 있다. 우선 보름에 걸쳐 박테리아와 무척추동물에 의해 내장이 전부 분해되었고, 그 후 3주 이내에 가죽과 인대가 전부 먹혀 사라졌다고 한다. 여기서 가죽과 인대를 먹은 무척추동물은 '수시렁이'라고 하는 작은 갑충류였다.

갑충류 수시렁이는 하루에 평균 8킬로그램씩 연조직을 분해한다. 옷장 속에서 옷을 좀먹는 해충이기도 하므로, 조심해서 다뤄야 한다.

이 책에 의하면 수시렁이에 의한 '처리'는 하루에 대략 8킬로그램씩 진행되었다고 한다. 살아 있다면 분명 건강하지 않은 다이어트 속도지만, '뼈와 치아만 남긴다'는 목적을 고려하면 이만큼 마음 든든한 것도 또 없을 것이다.

참고로 골격 표본을 만드는 세계에서 수시렁이는 지극히 일반적으로 쓰이는 생물이다. 화학약품을 쓰지 않는 자연스러운 형태로, 동물 유해로부터 연조직을 제거할 수 있기 때문이다. 만약 여러분이 연조직을 깔끔하게 제거한 다음 화석이 되고 싶다면 잘 기억해 둬서 손해 볼 것이 없다.

그런데 연조직일수록 화석으로 남기 어렵다고 설명했지만, 모든 일에는 예외가 있는 법.

연조직이 남아 있고, 죽기 직전에 먹은 메뉴도 알 수 있을 만큼 보존 상태가 좋은 화석이 어떤 특정 지층에서 발견된 사례가 있다. 또 연조직뿐 아니라 전신이 몹시 좋은 상태로 보존된 화석 역시 존재한다. 이렇게 양질의 화석이 나오는 지층을 '화석 광맥'이라고 부른다.

만약 여러분이 화석으로 남고 싶다면, 또는 여러분의 소중한 '무언가'를 화석으로 남기고 싶다면 화석 광맥이 되는 조건이야말로 중요한 힌트가 될 것이다. 이 책에서 질 좋은 화석산지와 화석 광맥을 소개하고 그곳에서 어떤 화석이 어떤 식으로 남았는지 설명하고 있으니 꼭 참고하기 바란다……거듭 강조하지만 '사고실험'으로써 말이다.

자, '죽고 나면 화석이 되고 싶은' 당신. 남기고 싶은 것은 어떤 화석인가?

살아생전의 모습을 피부까지 그대로 남기고 싶은가?

아니면 골격만 남기고 싶은가?

훗날 발견·발굴한 인류(라고 꼭 단언할 수는 없는 생명체)에게 어떠한 메시지를 같이 남기고 싶은가?

페이지를 넘기면서 잘 검토해 보기 바란다.

동굴 편
인류 화석 실적 No. 1!

보존 상태가 뛰어난 인류 화석이 동굴에서 발견되다

무슨 일이든 과거의 성공 사례, 실적 검증은 무척 중요하다. 여러분이 화석이 되고 싶다면 우선 실제로 발견된 인류 화석에 주목해 보자.

최근에 발견된 보존 상태가 좋은 인류 화석으로는 남아프리카공화국 비트바테르스란트 대학의 리 버거Lee Berger 교수팀이 2015년 9월에 보고한 호모 날레디Homo naledi가 있다. 남아프리카공화국 북부에 있는 라이징 스타 동굴Rising Star Cave에서 1,500점이 넘는 화석[01]이 발견되었는데, 한 명의 전신 골격과 적어도 열네 명 분의 부분 화석이 포함되어 있었다고 한다.

호모 날레디의 전신 골격은 갈비뼈 등이 일부 없기는 하지만 머리끝부터 발끝까지 거의 전부 보존되어 있다. '전신 골격이니까 당연한 거 아니야?' 하고 생각할지 모르지만, 한 사람의 골격이 이만큼 남아 있는 사례는 무척 드물다.

버거 교수팀의 분석에 따르면 호모 날레디의 머리와 손, 다리 등에서 현생 인류와 같은 그룹인 호모속의 특징이 보인다고 한다. 반면 어깨나 골반 등은 그보다 더 오래된 시대의 인류인 오스트랄로피테쿠스Australopithecus에 가까운 특징이 보인다. 이러한 특징 때문에 '새로운 종류의 호모속'으로 판단하고 학명을 붙였다. 현재 인류학 분야에서는 호모 날레디가 정말 신종 인류인지 아닌지 흥미 깊은 논의가 계속되고 있다.

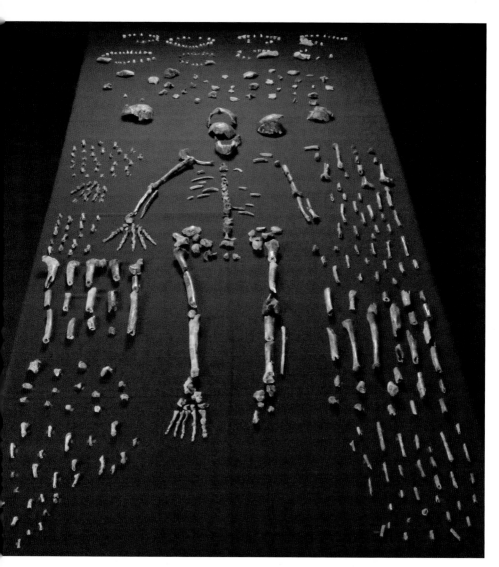

01
훌륭한 상태로 보존
라이징 스타 동굴에서 발견된 인골 화석. 각 부위가 이 정도로 보존된 경우는 극히 드물다.

사진: John Hawks / the University of the Witwatersrand, Johannesburg

하지만 이 책에서는 그런 부분에 주목하지 않는다. 전신이 잘 보존되어 있다는 하나의 사실만이 중요하다.

호모 날레디의 화석이 발견된 동굴에 대해서는 『내셔널지오그래픽』 2015년 10월호에서 상세히 다루고 있다. 동굴 깊이는 대략 100미터. 도중에 높이가 25센티미터도 채 되지 않는 포인

트와 상어 이빨처럼 생긴 종유석과 유석flowstone이 뾰족 튀어
나온 포인트를 지나 길이가 12미터나 되는 수혈을 내려가면 깊
이가 약 9미터이고 폭이 약 1미터인 공간이 나온다. 그 공간의
한쪽에서 호모 날레디의 뼈가 발견되었다고 하는데, 그곳까지
가는 통로가 너무나 좁아 버거를 비롯한 남성 연구자는 들어
가지 못하고 대신 체구가 작은 여성 연구자가 발굴을 맡았다고
한다.

이처럼 들어가기 몹시 힘든 장소에 어떻게 대량의 사람 뼈가
있었는지는 미스터리다. 원래는 동굴 입구 근처에 있었던 유해
가 호우 등으로 흘러든 대량의 물에 휩쓸려 동굴 깊숙한 곳까
지 운반된 것이 아닐까 하는 견해도 있다. 하지만 물줄기가 유
해를 운반했다면 예컨대 입구 근처에 있던 돌멩이도 같이 있어
야 하는데, 호모 날레디 화석 근처에서는 그런 흔적이 보이지
않았다.

또 한 가지, 질 좋은 인류 화석의 예를 들어 보자. 1997년,
남아프리카공화국 북동부의 스테르크폰테인 동굴Sterkfontein
Caves에서 보존율 90퍼센트가 넘는 오스트랄로피테쿠스속 화
석[02]이 발견되었다. 90퍼센트라는 수치는 인류 화석치고 상당
한 보존율이다. 이 화석은 유석과 각력암 등에 덮여 있었다고
한다.

라이징 스타 동굴 단면도.
『내셔널지오그래픽』 2015
년 10월호를 참고로 제작.

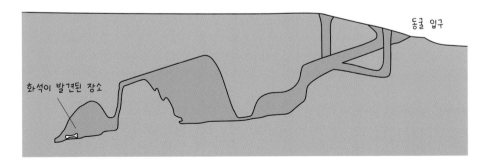

동굴 입구

화석이 발견된 장소

02
석회암질 바위에

스테르크폰테인 동굴에서 발견된 인류 화석(왼쪽)은 석회질 바위로 덮여 있었다(오른쪽).

사진: (왼쪽) Ron Clark (오른쪽) Laurent Bruxelles

이 두 가지 사례의 공통점은 화석이 발견된 동굴이 석회암으로 되어 있다는 것이다. 참고로 종유석과 유석 역시 석회질로 되어 있다. 남아프리카공화국에는 석회동굴이 많이 있으며, 동굴 안에서 인류 화석이 다수 발견된 바 있다. 이러한 동굴을 포함한 지역 일대는 인류의 요람Fossil Hominid Sites of South Africa이라는 이름으로 유네스코 세계문화유산에 등록되었다.

인류만이 아니다!

동굴에서 발견된 화석에는 인류만 있는 것이 아니다.

전형적인 예로 '동굴'이라는 이름이 붙는 동물 화석이 있다.

이를테면 지금으로부터 약 1만 1000년 전에 멸종한 동굴곰 Ursus spelaeus 화석이다. 특히 유럽 북부에 분포한 동굴에서 많이 발견되었다. 꼬리를 제외한 몸길이가 2미터 정도로 현재 홋카이도에 서식하는 불곰과 비슷한 체격이다. 다만 불곰에 비해 두개골이 크고 다리는 짧다.

03
인류만 있는 게 아니다
'베어 케이브'에서 보존 상
태가 뛰어난 동굴곰 화석
이 다수 발견되었다.

사진: Horia
Vlad Bogdan /
Dreamstime.com

동굴곰은 너무 많은 화석이 여러 동굴에서 발견되었기 때문에 연구자들도 그 실태를 다 파악하지 못했다. 이를테면 루마니아에 있는 에밀 라코비타 동굴 연구소의 카이우스 디드리히 Cajus G. Diedrich의 2005년 보고에 의하면 독일 북서부의 페릭 동굴군Perick Caves에서만 무려 2,404개나 되는 동굴곰 화석이 발견되었다고 한다. 참고로 '2,404개'는 뼈의 총 개수이고, 개체수는 밝혀지지 않았다. 또 루마니아 서부의 '베어 케이브Bears' Cave'에는 140개가 넘는 동굴곰 화석03이 있었다고 한다.

미국 국립공원국의 게리 브라운Gary Brown이 쓴 『느림보곰 연감The Great Bear Almanac』에 보면, 옛날에는 동굴곰 화석을 유니콘이나 드래곤의 뼈라고 생각해 상업적 목적으로 채집했다고 한다. 즉, 동굴에 있던 화석의 상당수가 이미 반출되었을 가능성이 있으므로 원래는 훨씬 더 많았을 것이다.

왜 이렇게 많은 동굴곰 화석이 동굴에서 발견되는 것일까?

브라운은 동굴곰이 동굴에서 살았을 가능성을 들고 있다. 또 어린 개체와 늙은 개체 화석이 많은 것으로 보아 겨울잠을 자던 중에 추위 혹은 질병 등의 이유로 죽었을지도 모른다는

동굴곰은 겨울잠을 자다가
죽었을지도 모른다.

견해를 밝혔다. 다른 육식동물의 습격이나 낙석 등 물리적인
사고 때문이 아니라 이른바 자연사에 가깝기 때문에 화석이
잘 남아 있는 셈이다.

　이름에 '동굴'이 붙는 것은 동굴곰 이외에도 더 있다. 이를테
면 동굴하이에나Crocuta spelaea라는 포유류 화석이다. 동굴하이
에나는 현재의 하이에나와 흡사한 모습이었으며, 꼬리를 제외
한 몸길이는 약 1.5미터였다고 한다.

　또 동굴사자Panthera spelaea라는 동물도 있었는데, 동굴곰과
동굴하이에나와 같은 시대, 같은 지역에 서식한 것으로 보인다.
꼬리를 제외한 몸길이가 2.5미터 정도 되는 고양잇과로, 모습
은 현재의 사자와 흡사했다. 다만 지금의 사자와 같은 갈기나
꼬리털은 없었던 듯하다. '그런 것까지 알다니, 설마 털 화석이
남아 있는 건가?' 하고 생각한 예리한 당신……안타깝지만 그
렇진 않다. 프랑스의 라스코 동굴에 남아 있는 당시 인류가 그
린 동굴사자 벽화에는 갈기와 꼬리털 묘사가 없었던 것이다.

　동굴곰, 동굴하이에나, 동굴사자 화석은 같은 동굴에서 발견
되기도 한다. 하지만 동굴하이에나와 동굴사자 화석의 보존 상
태는 동굴곰과 다르다.

　2009년 디드리히의 연구에 따르면 동굴하이에나와 동굴사

동굴곰과 동굴사자, 동굴하이에나는 동굴 속에서 뜻하지 않게 조우했고, 싸움에서 패배한 개체가 화석이 된 것일지도 모른다.

자가 동굴에서 살았을 가능성은 있지만, 그들에게(특히 동굴사자) 동굴은 안식처였다기보다 '사냥터'였던 것으로 보인다. 그러니까 동굴 깊숙한 곳에 서식하는 동굴곰 등을 노리고 동굴에 드나들었다는 것이다. 실제로 어떤 동굴에서 나온 동굴곰 화석의 41퍼센트에서 동굴하이에나에게 물린 흔적이 발견되었다고 한다.

그런데 화석이 발견되었다는 것은 곧 그곳에서 죽었을 가능성이 있다는 뜻이다. 어쩌면 동굴하이에나들은 동굴곰을 덮쳤다가 오히려 반격당해 죽었던 것인지도 모른다.

한 가지 예를 더 들어 보겠다. 오스트레일리아 북부의 리버슬레이 지역에 있는 유명한 화석 산출지 '래컴의 보금자리 동굴Rackham's Roost Site'이다. 그곳은 예전에 석회암 동굴이었던 것으로 짐작되며, 약 500만~300만 년 전에 살았던 동물 화석이 대량으로 발견되었다.

'예전에'라고 표현했듯이 래컴의 보금자리 동굴은 현재는 동굴이 아니다. 긴 세월에 걸쳐 서서히 무너져서 지금은 그 흔적만 남았을 뿐이다. 그런데 무너진 암석 속에서 박쥐 화석이 대량으로 발견되었다.

보통 박쥐같이 비행하는 동물은 뼈가 가벼워 부러지기 쉽기 때문에 화석으로 남기 무척 어렵다. 그래서 박쥐의 진화는 지금까지도 밝혀지지 않은 부분이 많다.

그런 박쥐의 뼈가 래컴의 보금자리 동굴이 있었던 곳에서 다수 발견된 것이다. 이 역시 '동굴'이라는 조건이 화석 보존으로 이어진 사례라고 할 수 있다.

이렇게 동물 화석이 발견된 이 동굴들은 대부분 석회암으로 되어 있다. 앞서 소개한 인류 화석이 발견된 동굴처럼.

동굴이 '양질의 조건'인 이유

석회암 동굴에서 보존 상태가 좋은 화석이 많이 발견되는 이유는 무엇일까?

우선 다양한 종류의 동굴 가운데 애당초 석회암 동굴의 비율이 높다는 이유를 들 수 있다. 절대적으로 수가 많으면 발견되는 화석의 수도 많은 것이 당연하다.

석회암이라는 암석은 성분의 50퍼센트 이상이 탄산칼슘이어서 산성 액체에 잘 녹는다. 심지어 대기 중의 이산화탄소가 녹아 있는 정도에 불과한 빗물(약산성)에도 녹는다.

땅에 내린 빗물이 지하로 스며들면 석회암 지층이 녹아, 내부가 복잡한 지형의 동굴이 된다. 이 세계 어딘가에는 총 길이 300킬로미터가 넘는 석회암 동굴도 있다고 한다. 또 일본의 경우 홋카이도에서 오키나와에 이르기까지 전국 각지에서 석회암 동굴이 확인되고 있다. 이른바 종유동굴04도 이러한 석회암 동굴 중 하나다.

그런데 왜 석회암이 아닌 동굴에서는 보존 상태가 좋은 화석이 발견되지 않을까? 2003년에 출간된 학회지 『제4기 연구 *Quaternary Research*』에 다음과 같은 언급이 있다.

04
화석 보존에 최적?!
종유동굴은 비교적 '간단'하게 생기는 동굴 중 하나다. 종종 화석 보존에 '양질의 물건'이 된다.

이를테면 해안에 생기는 '해식동굴'은 파도가 부딪치면서 암석 중에 비교적 부드러운 부분이 침식되어 생긴다. 해식동굴은 구성하는 암석 종류는 다양하지만, 석회암 동굴만큼 깊지 않다는 특징이 있다. 안으로 들어갈수록 파도의 힘이 약해지면서 암석이 깎이지 않게 되기 때문이다.

해안 지역은 조수간만의 차로 수위가 달라지는데, 만조 시에는 해식동굴이 완전히 잠기는 경우도 적지 않다. 물에 잠기거나 동굴 깊은 곳까지 파도가 들어온다고 생각하면 인류를 비롯한 육지의 척추동물이 살기에 적합하다고 하기 어렵다. 『제4기 연구』에서는 '설령 그 유해나 유물이 있다 하더라도 파도에 휩쓸려 버린다'고 지적한다. 화석이 되려면 해식동굴은 적합하지 않은 셈이다.

다음은 용암동굴. 지표면을 흘러내린 용암은 바깥쪽부터 식어서 굳는다. 그리고 아직 온도가 높아 유동성이 있는 내부 용

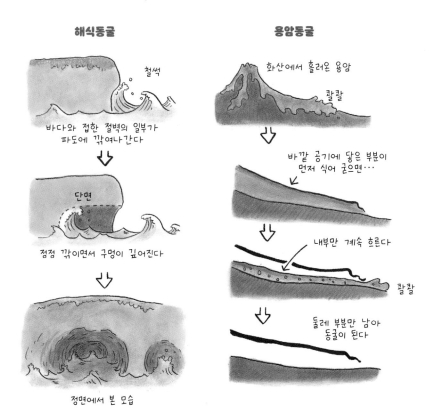

철썩

화산에서 흘러온 용암

칼칼

바다와 접한 절벽의 일부가
파도에 깎여나간다

바깥 공기에 닿은 부분이
먼저 식어 굳으면…

단면

점점 깎이면서 구멍이 깊어진다

내부만 계속 흐른다

칼칼

둘레 부분만 남아
동굴이 된다

정면에서 본 모습

암이 흘러내리면서 안에 빈 공간이 생긴다. 용암동굴은 그렇게 해서 만들어진 동굴이다. 『제4기 연구』에 따르면 '이러한 유형의 동굴에서는 인류 화석과 유물, 척추동물의 화석이 나올 확률이 몹시 희박하다'고 한다. 애당초 동물이 살기에 적합하지 않은 것이다.

입문 편에서 보존 상태가 좋은 화석이 되려면 '신속하게 묻혀야 한다'고 말했다. 이는 부패에 의한 분해와 비바람에 의한 풍화를 피하고, 육식동물의 습격을 피하기 위해서이기도 하다.

동굴이라는 장소에서 죽으면 실질적으로 빨리 묻히는 것이나 다름없다. 비바람으로부터 유해를 보호할 수 있는데, 특히 깊은 곳일수록 그 영향을 거의 받지 않는다.

또 동굴 안 구조가 복잡하게 되어 있는 것도 중요하다. 앞에서 소개한 디드리히의 보고에 따르면 특히 고양잇과 육식동물은 동굴 입구가 다소 좁아도 안으로 들어올 수 있다고 한다. 입구에서 가까운 장소는 육식동물의 공격을 받을 가능성이 있다. 하지만 도중에 지나가기 힘든 지점이 있는 깊은 동굴은 그럴 위험이 그만큼 줄어든다. 앞에서 소개한, 호모 날레디가 발견되었던 라이징 스타 동굴이 좋은 예다.

이 '동굴', '내부 구조가 복잡한 곳'이라는 조건을 둘 다 만족한 동굴이 바로 석회암 동굴이다. 화석을 만들기에 몹시 우수한 '시설'이라고 할 수 있다.

석회암 동굴에는 그 밖에도 큰 이점이 있다. 미국 캘리포니아 주립대학의 로버트 가제트Robert H. Gargett는 그의 저서 『동굴 곰과 현대 인류의 기원Cave Bears and Modern Human Origins』에서 석회암의 'pH(수소이온 농도지수)'에 주목했다.

과학 수업 때 배운 기억이 나는 사람도 있을 텐데, pH란 산성과 알칼리성의 정도를 나타내는 지표다. 대략 0에서 14의 수치로 나타내고(소수점 이하도 쓰인다), '7'을 기준으로 그보다 작으면 산성, 크면 알칼리성을 나타낸다. 숫자가 작을 수록 강한 산성이고 클수록 강한 알칼리성이다. 참고로 '7'은 중성이다.

척추동물의 뼈는 인회석으로 되어 있고, 인회석의 주성분은 인산칼슘이다. 칼슘은 산성 액체에 약해서 녹기 쉽다. 반대로 말하면 알칼리성인 환경에서는 잘 보존된다.

석회암 동굴은 산성인 지하수에 의해 형성되는데, 석회암 동굴에 존재하는 모든 물이 산성이라고 할 수는 없다. 석회암은 칼슘을 많이 포함하고, 그 칼슘을 포함한 물은 알칼리성이 되기 쉽기 때문이다. 그런 환경이기 때문에 석회암 동굴에 있는 뼈가 잘 보존될 수 있다. 게다가 스테르크폰테인 동굴의 예처럼, 석회암 동굴에서 생성된 물이 뼈를 '부드럽게' 감싸서 유석을 만드는 경우도 있다. '알칼리성인 물과 돌'이 화석을 보호하는 셈이다.

다만 주의해야 하는 점도 있다. 알칼리성인 환경은 연조직을 아주 빨리 분해한다. 즉 '남을 수 있는 것은 뼈뿐'이다. 만약 여러분이 피부와 내장 등을 남기고 싶다면 석회암 동굴은 적합하지 않다.

동굴 속에서 물에 휩싸여 잠든다. 이름하여 '석회암 동굴의 오필리아'. 셰익스피어의 비극처럼 시적인 이미지다. 이렇게 해서 '알칼리성 물과 돌'에 의한 질 높은 보존을 기대할 수 있……을지도 모르지만, 연조직은 모두 없어지겠지.

그리고 석회암 동굴은 붕괴되기 쉽다. 이미 소개한 예를 다시 들자면 박쥐 화석이 다수 남겨진 래컴의 보금자리 동굴은 '동굴로서의 원형'이 남아 있지 않다. 동굴이 무너졌을 때 화석이 충분히 보호되지 않으면 그 충격에 의해 가루가 될 가능성이 크다. 실제로 래컴의 보금자리 동굴에서 발견된 박쥐 뼈 화석은 단편적인 것들뿐이었다. 장소에 따른 것도 있겠지만, 수천만 년 후의 지적 생명체에게 발견될 수 있게 '장기적으로' 무사히 보존되려면 석회암 동굴은 피하는 것이 좋겠다.

벽화로 메시지를

석회암 동굴의 화석에는 단점도 있다. '언제 살던 것인지' 추정하기가 몹시 어렵다는 것이다.

많은 사례가 뒷받침하듯, 화석의 연대치는 화석 자체를 통해 산출되는 것이 아니다. 연대치를 알아보려면 '방사성 동위원소'가 필요한데, 화석 자체에는 방사성 동위원소가 없는(남지 않은) 경우가 많기 때문이다.

그럼 방사성 동위원소는 과연 어디에 포함되어 있을까? 가장 유력한 것은 화산성 분출물(특히 화산재)이다. 예를 들어 '이 화석은 지금으로부터 7200만 년~6800만 년 전의 것이다'라고 할 경우, 화석이 있는 지층 아래에 7200만 년 전의 것으로 측정된 화산재 지층이 있고 위에는 6800만 년 전의 것으로 측정된 화산재 지층이 있다. 이 두 지층 사이에 화석이 끼어 있기 때문에 '7200만 년~6800만 년 전 사이에 살았던 (그리고 죽은) 생물의 화석'이라고 추측할 수 있다.

자, 여기까지 읽은 현명한 독자 여러분은 눈치챘을 것이다. 동굴 속에는 화산재가 떨어지지 않는다는 사실을 말이다. 동굴 밖에 떨어진 화산재가 어떤 작용에 의해 내부로 운반되어 온다고 해도, 그 사이에 온갖 입자와 섞이면서 연대 측정이 어려워진다. 뼈를 형성하는 콜라겐이 남아 있으면 거기에 포함된 탄소를 이용해서 연대 측정을 할 수도 있지만, 시간이 지나면서 콜라겐이 점점 사라지기 때문에 일정 이상으로 오래된 화석은 측정이 불가능하다.

"언제 살았던 생물의 화석인가?" 이는 화석을 연구할 때 무척 중요한 정보다. 진화에 대해 논의하거나 다른 지역과의 관련성을 검증할 때도 '시간축'은 필요하다. 모처럼 화석이 되었거나 혹은 화석을 남겼다면 그 정보를 후세에 남기고 싶은 게 당연하다. 그것만으로도 여러분의 화석은 가치가 쑥 올라갈 것이다. 후세의 연구자를 위해서 '언제 죽었는지' 꼭 기록으로 남겨두면 좋겠다.

그래서 내가 추천하는 것은 벽화다. 유럽에 남아 있는 석회암 동굴에는 대략 1만 년 이전의 인류가 그린 벽화가 '실적'으로 남아 있다. 이를 흉내 내는 것이야말로 좋은 방법 아닐까!

시간축 이외에도 당신의 성별, 생활, 직업을 알 수 있는 그림을 그리면 후세 연구자가 굉장히 흥분하지 않을까? 무엇을 남길지는 여러분 마음이다.

글자를 남길 경우는 후세 연구자가 현대어를 읽을 수 있다는 보장이 없기 때문에 가능하면 심플한 문장으로 쓸 것. 그리고 최대한 많이 쓰면 범례가 많이 생겨 해독하기 쉬울 것이다. 그림도 마찬가지로 평이하게 그리는 것이 중요하다.

참고로 유럽에 남아 있는 석회암 동굴 벽화에는 석기 등을 이용해서 벽면을 판 '선각화'와 안료를 써서 그린 '채색화'가 있다. 안료에는 적철석, 망간광 이외에 목탄 등도 쓰였다. 페인트나 스프레이 등을 이용해서 그리는 것보다 실제 선례로 남아 있는 선인들의 이러한 방식이 훨씬 더 안심되는 법이다.

문화를 벽화로 남긴다면 후세 인류 또는 훗날의 지적 생명체도 기뻐하지 않을까?

동굴이 붕괴하지 않는 한, 뼈도 잘 보존되고 그림과 문자를 이용해 정보도 남길 수 있다. 화석이 되기 위한 왕도를 걷고 싶다면 석회암 동굴을 추천한다.

영구 동토 편
천연 '냉동고'로

항문 덮개까지 고스란히 남다

화석이 된다면 뼈뿐 아니라 피부까지 남기고 싶다, 내장도 남기고 싶다, 이런 야무진 꿈을 가진 여러분에게는 영구 동토 [01]라는 환경이 딱 맞지 않을까 싶다. 이 방법이면 매장될 때 입고 있던 옷까지 남을 가능성이 있다.

영구 동토는 토양의 온도가 섭씨 0℃ 이상으로 올라가지 않는 '천연 냉동고'다. 북반구 육지의 20퍼센트를 점하며, 러시아에서 미국의 알래스카까지 넓게 분포하고 있다. 동토의 두께는 장소에 따라 500미터가 넘는 것도 있다고 한다.

영구 동토에서는 제4기 생물의 화석이 산출되고 있다. 제4기란 약 258만 년 전부터 현재에 이르기까지의 기간으로, 이른바 '빙하시대'에 해당한다. 지구의 기온이 내려가 빙기와 간빙기가 반복되고(현재는 간빙기), 때로는 엄청난 크기의 빙하가 발달했다. 영구 동토에 보존된 것은 그렇게 추운 시대를 살았던 동물의 화석이다. 그리고 대부분 보존 상태가 몹시 뛰어나다.

영구 동토에서 산출된 질 좋은 화석의 대표적 예로 앞에 나온 '냉동 매머드'를 들 수 있다.

매머드라고 불리는 장비류에는 여러 가지 종이 있다. 그중에서 '냉동 매머드'로 주로 보존된 것은 성체의 경우 어깨까지의 높이가 3.5미터 정도인 프리미게니우스 매머드*Mammuthus primigenius*라는 종이다. 다른 매머드속에 비해 서식 지역이 광범

위했던 것으로 알려져 있다. 참고로 일본 홋카이도에서도 화석이 발견된 바 있다.

프리미게니우스 매머드는 '울리매머드', '털매머드', '긴털매머드' 등의 이명이 있다. 이 책에서는 많은 사람에게 익숙하지 않을까 싶은 '털매머드'로 이야기를 이어가보려 한다.

털매머드는 '긴 털'이 특징이다. 척추동물 화석에는 체모와 같은 연조직이 보존된 경우가 거의 없다. 하지만 영구 동토에 잠들어 있던 털매머드[02]에는 남아 있었다.

체모뿐만 아니라 골격과 함께 근육과 내장, 피부까지 고스란히 남은 표본이 적지 않다. 멸종된 동물의 몸이 어떻게 형성되어 있었는지 수수께끼로 남은 부분이 많은데 털매머드의 경우는 많은 부

01
천연 냉동고

시베리아의 영구 동토는 토양 온도가 0℃ 위로 올라가지 않는다. 이곳에는 다양한 동물이 '냉동 보존'되어 있다.

사진: Aleksandr Lutcenko / Dreamstime.com

영구 동토에 묻힌 동물의 대표적 예인 털매머드. 빙기에 살았던 그들은 뇌에서부터 털에 이르기까지 '냉동'된 상태로 발견되었다.

02
냉동 매머드

이른바 '냉동 매머드'는 몇 가지 표본이 발견되었다. 이것은 통칭 '유카'의 유체로, 피부와 털이 잘 보존되어 있다.

사진: Mammoth Committee of Russian academy of sciences

03
뇌까지 보존

영구 동토의 놀라운 점은 뇌까지 보존된다는 것이다. 왼쪽 사진은 유카의 뇌를 뒤덮은 막이고, 오른쪽 사진은 그 막을 벗기자 드러난 뇌다.

사진: Kharlamova et al. 2014

분이 밝혀졌다.

예를 들어 털매머드는 지금의 코끼리와 마찬가지로 긴 코를 가졌다. 코끝은 코끼리에 비해 아래쪽 폭이 넓고, 위쪽은 돌기 모양으로 생겼다. 그 밖에도 코끼리보다 귀가 작았고, 항문에 피부 덮개가 있었음을 알 수 있었다. 코도 귀도 항문 덮개도 원래라면 화석으로 남기 힘들다. 아무리 보존 상태가 좋은 전신 골격을 발견했다 하더라도 뼈라는 힌트 하나만으로는 상상하기 어려운 특징이다.

참고로 털이 길고 귀가 작고 항문에 피부 덮개가 있다는 특징은 체온을 유지하기 위해서인 것으로 보인다. 털매머드는 추운 시대에 추운 지역에서 활발히 번식했던 동물이다. 이러한 사실을 알 수 있는 것도 다 몸이 '통째로' 화석이 되어준 덕분이다.

2010년에 러시아 연방 사하공화국(야쿠티아)의 유카길 지역에서 발견된 통칭 '유카(YUKA)'라고 불리는 털매머드의 표본에는 뇌가 그대로 남아 있었다[03]. 일본에서 개최된 「YUKA 특별전」의 팸플릿을 보면 뇌 조직은 일반적으로 내장보다 훨씬 부패되기 쉬워서 화석으로 남은 것이 극히 드물다고 한다.

유카가 발견된 지역에서는 그 밖에도 조랑말*Equus sp.*과 스텝 들소*Bison priscus* 냉동 화석[04]도 발견되었다. 2014년에 러시아 과학 아카데미 시베리아 부문의 겐나디 보에스코로프*Gennady Boeskorov* 팀이 보고한 표본이다. 조랑말은 머리와 후반신만 있는데 보존 상태가 좋다. 스텝 들소는 거의 완전한 상태의 '배 밑에 다리를 웅크려 넣은 수면 자세'로 발견되었다. 이 자세는 스텝 들소가 자연사한 후 그대로 화석이 되었다는 사실을 알려준다고 보에스코로프 팀은 말했다.

'최후의 만찬'도 남다

유카만 특별한 냉동 매머드인 것은 아니다. 같은 사하공화국의 베레소브카 강가에서 20세기 초에 발견된 통칭 베레소브카 매머드*Beresovka Mammoth*[05] 역시 전신이 잘 남아 있는 것으로 알려져 있다. 이 냉동 매머드는 두개골이 노출되긴 했지만 나머지 부위는 가죽과 살점까지 붙은, 정말 뛰어난 보존 상태를 보이는데 무려 혀와 음경까지 남아 있었다. 이러한 기관이 화석으로 남은 예는 극히 드물다.

심지어 베레소브카 매머드는 위아래 치아 사이에 식물이 낀

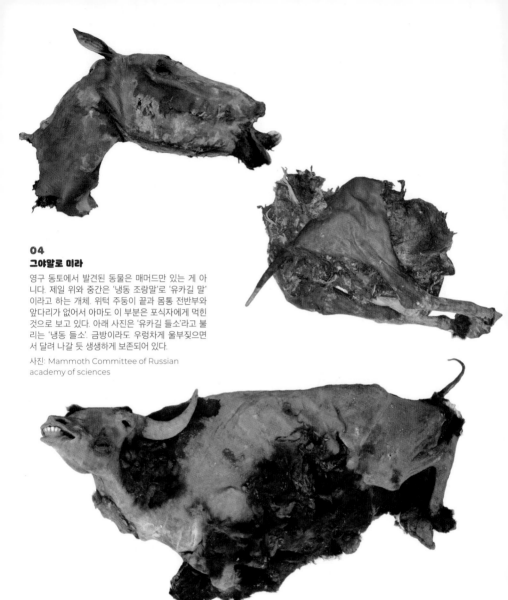

04
그야말로 미라

영구 동토에서 발견된 동물은 매머드만 있는 게 아니니다. 제일 위와 중간은 '냉동 조랑말'로 '유카길 말'이라고 하는 개체. 위턱 주둥이 끝과 몸통 전반부와 앞다리가 없어서 아마도 이 부분은 포식자에게 먹힌 것으로 보고 있다. 아래 사진은 '유카길 들소'라고 불리는 '냉동 들소'. 금방이라도 우렁차게 울부짖으면서 달려 나갈 듯 생생하게 보존되어 있다.

사진: Mammoth Committee of Russian academy of sciences

채로 남아 있었다. 아마 죽는 순간까지 풀을 뜯어먹고 있었던 모양이다. ⋯⋯그렇게 생각하니 가슴이 조금 아파온다. 미국 알래스카 대학의 러셀 데일 거스리Russell Dale Guthrie가 쓴 『매머드

스텝의 얼어붙은 동물*Frozen Fauna of the Mammoth Steppe*에 보면 그 식물이 온대성 식물인 미나리아재비속*Ranunculus* 꽃이었다고 나와 있다. 털매머드가 먹었던 것 그리고 당시 그 서식지에 살았던 식물을 알 수 있게 된 것은 크나큰 수확이다.

베레소브카 매머드는 위 속 내용물도 확인되었다. 이빨과 이빨 사이에 '최후의 만찬'이 남아 있는 것은 무척 드문 일이지만, 사실 냉동 매머드의 위 속에 내용물이 남아 있는 사례는 드물지 않다.

영국 국립자연사박물관의 에이드리안 리스터*Adrian Lister* 팀이 쓴 『매머드, 빙하 시대의 거인*Mammoths: Giants of the Ice Age*』에 의하면, 그 내용물은 대부분 '풀(볏과)'이고, 그밖에도 다양한 허브가 남아 있었다고 나와 있다. 또 사하 공화국을 흐르는 산드린 강가에서 발견된 통칭 '산드린 매머드'라는 이름의 냉동 매머드 표본에서는 위 속 내용물의 90퍼센트가 풀이었고 나머지는 버드나무와 자작나무 등의 싹 등이었다. 이러한 예를 보면 털매머드의 주식이 풀이었다는 사실을 잘 알 수 있다.

초식 고생물의 주식인 식물을 특정할 수 있는 경우는 드물다. 실제로 '식물을 먹었다'라는 사실 이상을 알 수 있는 예가 많지 않기 때문이다. 화석이 된 그 초식동물이 먹었던 것이 양치식물인지 겉씨식물인지 속씨식물인지. 뿌리인지 줄기인지 나무껍질인지. 잎인지 꽃인지 열매인지. 그런 부분을 깊이 있게 언급할 수 없는 것이 많다. 그러니 베레소브카 매머드와 산드린 매머드의 정보가 얼마나 귀중한지 짐작이 가리라.

한편 위 속 내용물은 그 동물이 마지막에 먹은 메뉴를 알려주는 것에서 그치지 않는다. 특히 메뉴가 식물이었을 경우, 현재 있는 데이터를 통해 '식사를 한(즉 죽은) 계절'을 특정할 수 있다. 이를테면 베레소브카 매머드는 초가을, 산드린 매머드는 초여름 무렵에 죽었다고 한다.

이러한 '실적'을 생각했을 때 만약 여러분이 '최후의 만찬'을 화석으로 남기고 싶다면 최대한 '제철 음식'을 먹었으면 좋겠다. 지금은 일 년 내내 먹을 수 있는 먹거리가 많지만, 그래서는 후세 연구자들이 좀 가엾지 않은가. '언제 죽었는지'를 '계절 수준'으로 특정할 수 있도록 가능하면 그 계절에만 먹을 수 있는 채소와 과일을 선택하도록 하자.

냉동실에 오래 보관한 스튜

영구 동토에 '붙잡힌' 동물은 빠른 속도로 얼어붙는 것으로 짐작된다. 다만 여기서 '얼어붙는다'는 말은 편의상 쓴 표현일 뿐, 만화에서 보는 것처럼 얼음으로 뒤덮이는 것은 아니다. 유해 주위의 온도가 어는점 아래로 내려간 토양이 있을 뿐이다.

한편 영구 동토에서 발견된 화석에는 공통된 특징이 있다.

06
디마

냉동 매머드의 대표적인 개체 중 하나. 유체. 전신이 잘 보존되어 있는데, 바짝 말라서 갈비뼈
가 드러나 있다. 위 사진은 발견 당시 촬영한 것이고 아래 사진은 발굴된 후의 모습이다.

사진: (위) Sputnik /amanaimages (아래) Thomas Ernsting / laif / amanaimages

07
류바

냉동 매머드의 대표적인
개체 중 하나. 유체. 디마
만큼은 아니지만 역시 바
짝 마른 것을 쉽게 확인할
수 있다.

사진: Sputnik /
amanaimages

앞에서 소개한 유카나 냉동 매머드의 유체로 알려진 디마[06],
류바[07]를 관찰해 보면 바로 알 수 있을 것이다. 무척 쭈글쭈글
하고 바짝 마른 상태로, 윤기 있는 피부라고는 절대 말할 수 없
는 모습이다. 이것이 영구 동토에 묻힌 화석이 최종적으로 이
르는 모습이다.

『매머드 스텝의 얼어붙은 동물』에 따르면 이러한 상태는 냉
동실에 오래 넣어둔 스튜와 흡사하다고 한다. 냉동실에 스튜를
넣으면 처음에는 살짝 팽창하지만 장기간 방치하면 점차 수분
이 빠져 부피가 줄어든다고 한다(안타깝게도 우리집에 있는 냉동실에

는 검증할 만한 공간이 없어서 사실인지 아직 확인하지 못했다). 같은 일이 영구 동토 속에서 일어난다는 것이다.

냉동으로 수분이 빠진 스튜라고 하니까 '동결건조' 방식이 떠오를지도 모르겠다. 바짝 마른 상태인데 뜨거운 물을 부으면 맛있게 먹을 수 있는 바로 그것 말이다.

동결건조는 얼린 음식을 진공 상태에 두고 저온 상태에서 수분을 순간적으로 승화시켜 말리는 방식이다. 승화하는 온도는 기압에 따라서, 기압이 낮으면 낮을수록 저온일 때 승화하게 된다. 학교에서 배우는 '물은 100℃일 때 끓어서 수증기가 된다'라는 것은 어디까지나 표고 0미터 지점의 기압에 가까운 장소에서 해당하는 이야기이다. 진공은 다시 말해 기압이 0인 상태이므로 낮은 온도에서 수분이 쉽게 승화된다.

동결건조 방식의 경우 물이 있었던 곳이 공간으로 남는다. 그래서 뜨거운 물을 부으면 그 공간에 물이 들어가 순식간에 원래 상태로 돌아온다. 고온을 가하지 않기 때문에 맛과 식감, 빛깔, 영양가 손실이 적다는 장점이 있어 식품을 보존할 때 요긴하게 쓰인다. 지금은 동결건조 방식을 쓴 많은 상품이 일반적으로 팔리고 있으며, 스튜뿐만 아니라 된장국, 죽, 나아가 우주에서 먹을 수 있는 아이스크림 등까지 개발되었다.

물론 영구 동토 속에 갇힌 동물들에게 일어난 일은 동결건조와는 큰 차이가 있다. 냉동실에 오래 보관된 스튜가 그러하듯이, 영구 동토 속에서 일어나는 '탈수'는 물이 빠진 후에 공간이 남지 않는다. 아무리 뜨거운 물을 부어도 원래대로 돌아오지 않는다는 것에 주의해야 한다.

미국 미시건 대학의 다니엘 피셔Daniel C. Fisher 팀이 2012년에 발표한 연구에 따르면 영구 동토에 보존되어 있던 어느 매머드의 화석은 근육이 남아 있긴 했지만 뼈에서 분리되어 있었다고 한다. 이빨 역시 치근과 치조를 잇는 부분이 없어져 뽑히기 쉬운 상태였다. 말라가는 과정 중에 일어난 변화였다. 이런 의미에서 봐도 동결건조 방식과 같은 '재생'은 불가능한 상태임을 알 수 있다. 한편 피셔 팀은 근육과 뼈가 분리된 이유로 박테리아에 의해 콜라겐의 일종이 변질되었을 가능성을 들었다.

이처럼 영구 동토 속에서 꽁꽁 어는 방법을 선택했다면 전신이 마른 상태로 보존 및 발견(경우에 따라서는 전시도)되는 것을 각오해야 한다. 만약 꽁꽁 얼어붙어 젊고 아름다운 모습을 화석으로 남기고 싶다……는 생각에 이 방법을 골랐다면 그야말로 비극이다. 탱탱한 피부를 유지하는 것은 절대로 이루어질 수 없는 꿈이니까.

몸이 완전히 묻히지 않으면 큰일

지금까지 말했듯이 영구 동토에서 발견된 화석은 연조직도 뼈도 보존 상태가 좋은 것이 많다. 다만 단점도 있다. '완전한 형태'가 별로 없다는 것이다. 털매머드로 대표되는 영구 동토의 '냉동 화석'은 몸의 일부 혹은 대부분이 사라져 버린 것이 많다. 왜 이렇게나 부분적인 것들만 발견될까?

애당초 영구 동토에 보존되려면 일단 그 속에 묻혀야 한다. 『매머드 스텝의 얼어붙은 동물』에 다음과 같은 단계가 소개되어 있다. 우선 여름철에 동토의 표층이 살짝 녹았을 때 동물이 발이 빠져 점점 가라앉는다. 그렇게 깊이 가라앉고 겨울이 찾아와 얼어붙으면 그 이후로는 영구 동토 안에서 쭉 '보관'되는 것이다. 다만, 큰 개체의 경우 반드시 전신이 영구 동토에 묻힌다고 할 수는 없다. 머리 등 일부는 차마 다 묻히지 못하고 땅위에 남은 경우도 적지 않을 것이다.

냉동 화석이 '불완전'해지는 이유

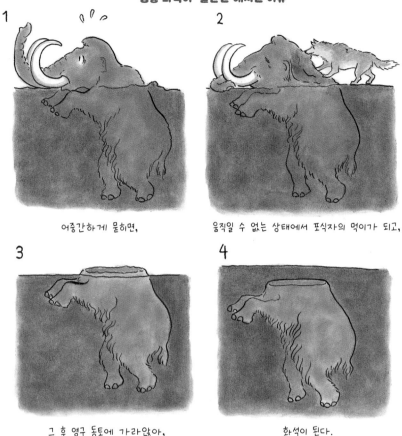

1 어중간하게 묻히면,

2 움직일 수 없는 상태에서 포식자의 먹이가 되고,

3 그 후 영구 동토에 가라앉아,

4 화석이 된다.

이렇게 되면 포식자들에게 딱 좋은 표적이다. 그래서 몸이 가벼워 대형 동물만큼 몸이 잘 가라앉지 않는 늑대와 여우 등에게 먹히고 만다. 결과적으로 그 부위가 없는 상태로 화석이 되는 것이다.

발견 시 상황도 문제다. 영구 동토 속의 화석이 발견되려면 영구 동토의 가죽이 강물이나 바다의 파도에 침식되어야 한다. 실제로 지금까지 발견된 '냉동 화석'은 대부분 강가나 해안에 있었다. 이때 물론 표본 자체도 강가나 바다의 파도에 의해 손상된 상태다. 발견되는 타이밍이 늦어지면 영구 동토에서 노출된 몸의 일부가 파도에 휩쓸려 가버리는 것이다.

여러분이 영구 동토에서 화석이 되고 싶다면 확실하게 깊이 묻히는 절차가 필요하다. 그리고 발견 타이밍은 하늘에 맡기는 수밖에 없다.

최대의 적은 온난화

몇 가지 문제가 있긴 하지만 영구 동토에 보존되는 방법은 몸이 마르는 것만 허용할 수 있다면 여러분에게 여러 가지로 좋을지도 모른다.

많은 화석산지에서 척추동물은 뼈와 이빨 등 경조직만 보존된다. 혹은 피부와 내장, 근육 등 연조직만 보존되어 있는 산지도 있다. 하지만 경조직과 연조직이 모두 잘 보존되어 있는 사례는 거의 없다.

그런데 영구 동토라면 둘 다 보존될 가능성이 높은 것이다.

실제로 냉동 매머드는 체모와 근육, 뇌와 위 등 내장, 그리고 뼈까지 보존되었다. 게다가 뼈의 색깔이야 주위 퇴적물의 영향을 받아 달라지기는 했어도 적어도 체모의 색깔은 그대로 유지한 것처럼 보인다. 여러분이 만약 영구 동토에서 화석이 되어 수천 년, 수만 년 후에 발견되었다면…… 물이 다 빠져서 다소 말라버리더라도 입고 있는 옷까지 그대로 화석이 될 가능성도 있는 것이다. 운 좋으면 머리카락 색깔도 남을지 모른다. 그런 상태로 발견되는 날에는 후세의 연구자가 어깨춤을 덩실대며 환영할 것이 틀림없다.

다만 영구 동토에는 '장기 보존'이라는 점에서 크게 우려되는 부분이 있다.

2008년에 일본 해양연구개발기구의 조사에 따르면, 여름에 영구 동토층이 녹는 양이 점점 증가하는 경향이 보인다고 한다. 지구 온난화 때문에 영구 동토가 녹기 시작한 것이다. 그 결과 방출된 물 때문에 강물의 양이 늘어났고, 그 물줄기로 인해 강가의 영구 동토층의 붕괴가 일어나고 있다.

영구 동토라면 경조직, 연조직 모두 잘 보존될 수 있다. 몸이 바짝 말라도 괜찮다면 화석이 되는 수단 중 한 가지 선택지가 될……수 있을지도 모른다.

「YUKA 특별전」의 팸플릿에서는 이 융해를 긍정적인 시각으로 보고 있다. 앞으로 냉동 매머드의 발견이 늘어날 가능성이 있기 때문이다.

물론 과거 영구 동토에 묻힌 화석은 점점 더 많이 발견될 것이다. 하지만 앞으로 화석이 될 여러분에게는 심각한 문제가 아닐 수 없다. 모처럼 영구 동토에 묻혔건만 충분한 기간 동안 계속 '얼어붙어 있을지' 장담할 수 없으니까 말이다. 수백만 년 후의 인류(혹은 지적 생명체)에게 발견되기는커녕 최악의 경우 수십 년 이내에 '화석'이 아니라 '시신'으로 발견되고 말지도 모른다. 최대의 적은 지구 온난화인 셈이다. 영구 동토에서 화석이 되려면 미래 기후에 대해 충분한 시뮬레이션을 거친 후 '어디에 묻혀야 영구 동토가 오랜 세월 동안 녹지 않을지' 예측하는 것이 좋겠다.

늪지대 시신 편

적당한 '초절임'으로

마치 바로 어제 죽은 것처럼

지금 이 모습 그대로 화석이 되고 싶어. 탱탱한 피부와 찰랑거리는 머리카락도 같이 남기고 싶어. 뼈만 있는 모습은 되기 싫고, 영구 동토에서 발견되는 화석처럼 몸이 바짝 마르는(영구 동토 편 참조) 건 당연히 싫어. 이러한 고집이 있는 여러분에게 한 가지 제안이 있다.

미리 말해 두지만 이 방법은 '실적' 면에서는 좀 약하다. 영구 동토 편에서 소개한 '냉동 화석'은 약 1만 년 전의 것으로 비교적 새로운 부류에 속했다. 그런데 이번 편에서 소개하는 화석은 그보다 좀 더 최신 부류에 해당한다. 오래된 것도 2400년 전 화석이다. 따라서 수만 년 후에는 어떤 식으로 보존되어 있을지 알 수 없다.

그래도 이 방법은 시도해 볼 가치가 있다. 잘만 보존된다면 여러분의 표정과 머리카락까지 보존할 수 있을지도 모른다. 어쩌면 여러분의 맨들맨들한 피부 감촉까지도 말이다.

우선 그 '화석'을 발견한 역사부터 알아보자.

1950년에 있었던 이야기다. 덴마크 비엘스코델Bjældskovdal 계곡의 톨런드 늪지대에서 인부 두 명이 아궁이와 스토브 땔감으로 쓸 이탄을 캐고 있었다.

그런데 갑자기 이탄 속에서 사람 얼굴이 나타났다.

눈을 감은 남자.

움직이지 않았다.

죽은 상태였다.

금방이라도 눈을 뜰 것만 같은 시신을 본 인부들은 '살인 사건이 아닐까' 하고 생각해, 경찰에 신고했다고 한다.

발견된 시신은 서른 살 무렵의 남성으로 추정되었다. 그리고 놀랍게도 사망한 시점이 기원전 375년이라는 사실이 밝혀졌다. 고대인의 시신이 시랍화adipocere, 즉 시신의 지방 성분이 분해되며 밀랍같은 물질로 변한 것이었다.

톨런드 늪지대에서 발견된 이 시신을 톨런드 남자Tollund Man[01]라고 부른다.

사실 1950년대에는 이미 어느 정도 알려져 있었는데, 덴마크와 독일 북부, 아일랜드 등지의 이탄 늪지대에서 이러한 '화석'이 종종 발견되고 있다. 바로 '늪지대 시신Bog People 또는 Bog Bodies'이라는 표본이다. 『내셔널 지오그래픽』 2007년 9월호에 실린 특집 기사에 따르면 현재까지 발견된 늪지대 시신은 수백 구에 달한다고 한다. 그중에서도 앞에서 소개한 톨런드 남자는 '가장 유명한 늪지대 시신'으로 알려져 있다. 경찰이 이른 단계에 박물관 직원의 입회를 의뢰한 덕분에 그 후 발굴 및 조사·연구가 조직적이면서도 학술적으로 진행될 수 있었다.

톨런드 남자에 관해서는 피터 글로브P. V. Glob의 1965년 책 『늪에 빠진 사람들Mosefolket: Jernalderens Mennesker bevaret i 2000 År』에 잘 나와 있다. 그 내용을 정리하면 다음과 같다.

톨런드 남자는 깊이 2.5미터의 이탄 바닥에 잔뜩 웅크린 태아 자세로 누워 있었다. 몸에는 가죽으로 된 모자와 벨트만 있었고, 그 밖에 옷이라고 부를 만한 것은 보이지 않았다.

머리에 손상은 없고 구강 부위에는 사랑니도 남아 있었다고 한다. 머리카락은 4~5센티미터 정도 길이로 이발되어 있었

다. 수염은 전체적으로 면도가 되어 있었는데, 윗입술 근처와
턱 부분에서 수염 몇 가닥이 확인되었다. 미처 면도를 하지 못
한 부분일까. 아니면 새로 난 것일까. 어찌됐든 한 번 면도한 후
죽을 때까지 그리 긴 시간이 흐르지 않았을 것이다. 눈을 살짝

감은 표정[02]은 무척 평온해 보인다.

　보존 상태가 훌륭한 머리 부분에 비해 다른 부위는
다소 손상된 것을 볼 수 있다. 무릎 뼈는 피부를 뚫고
밖으로 튀어 나왔으며, 복부에는 주름이 잡혀 있었다.

01
가장 유명한 늪지대 시신

'톨런드 남자'라고 불리는 늪지대 시신
표본. 마치 불과 며칠 전에 죽은 듯 보
이지만 사실은 2400년 전에 살았던
사람. 자세히 살펴보면 군데군데 뼈가
노출되어 있다.

사진: Arne Mikkelsen / MUSEUM
SILKEBORG

02
평온한 표정
마치 봄의 따뜻한 기운을
받으며 잠시 졸고 있는 것
처럼 보인다. 주름, 수염
등 세세한 부분까지 잘 보
존되어 있다.

사진: Arne Mikkelsen /
MUSEUM SILKEBORG

다만 이러한 특징들이 살아 있을 때 생긴 것인지, 아니면 사후
에 쌓인 이탄 무게 등에 의한 것인지는 언급되지 않았다.

해부 결과, 소화 기관에서 보리, 아마, 냉이, 여뀌 등의 식물
과 몇 가지 잡초가 섞인 죽이 확인되었다. 육류를 먹었던 흔적
은 전혀 없었다고 한다. 소화 상태를 보아, 마지막 식사를 한 뒤
로 반나절 내지 하루 사이에 죽었다는 분석이 나왔다.

불온하게도 톨런드 남자의 목에는 긴 가죽끈이 매여 있었
다. 이 남자가 어떤 상황에서 죽었는지 궁금한 분은 『늪에 빠
진 사람들』과 이 책 뒤에 실린 참고문헌을 보기 바란다.

이번에는 또 다른 늪지대 시신을 소개해 보겠다. 이 유체는
톨런드 늪지대에서 그리 멀지 않은 다른 늪지대에서 1952년에
발견되었다. 그곳과 가까운 마을의 이름을 따서 그라우벨레 남
자Grauballe Man[03]라고 부른다.

03
괴로운 표정

세세한 부분까지 확인할
수 있는 늪지대 시신 중
하나 '그라우벨레 남자'.
2200년 이상 전의 시신
이다.

사진: Robert Harding
Images / Masterfi /
amanaimages

　그라우벨레 남자는 기원전 400년부터 기원전 200년 사이
에 죽은 것으로 추정된다. 톨런드 남자와 마찬가지로 전신이
잘 보존되어 있다. 다만 평온한 표정의 톨런드 남자와 대조적
으로 그라우벨레 남자는 괴로워하는 얼굴이 특징이다.

　『되살아나는 고대인』을 참고로 그라우벨레 남자의 상태에
대해 정리하면 다음과 같다. 우선 자세는 전체적으로 몸이 뒤
틀려 있다[04]. 이 자세도 고통의 표현일까. 머리카락은 정수리
부분과 왼쪽 부분이 남아 있고, 긴 것은 15센티미터 정도 된다.
색은 적갈색을 띠는데 검사 결과 원래는 검은색이었다고 한다.
눈썹은 없다. 코 아래에 수염 몇 가닥 그리고 턱에도 짧은 수염
이 있었다.

　손발은 유례를 찾아보기 힘들 정도로 보존 상태가 뛰어났다
고 한다. 사진을 보면 과연 다소 마르기는 했어도 마치 살아 있

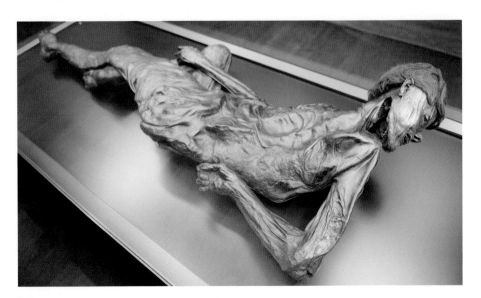

04
몸이 뒤틀려 있다

그라우벨레 남자의 전신.
몸을 너무 비틀은 나머지
피부가 뼈에 찰싹 달라붙
은 듯한 인상을 준다. 이
자세는 고통에서 비롯한
것일까.

사진: Robert Harding
Images / Masterfi /
amanaimages

는 사람의 손발이라고 해도 위화감이 들지 않을 정도다. 손[05]
은 금방이라도 뭔가를 움켜쥘 수 있을 것만 같고, 다리는 당장
걸을 수 있을 것만 같다. 손가락과 발가락에서는 지문까지 확
인되었다.

표정 이외에 들 수 있는 톨런드 남자와의 결정적 차이는 양
귀에서 목에 이르기까지 식도가 절단되었다는 점이다. 이것이 사
인이었던 모양이다. 그래서 그동안에는 이유는 모르지만 그라
우벨레 남자가 살해당했다고 여기고 있었다. 그런데 『내셔널
지오그래픽』 2007년 9월호에서 이것이 '사망한 이후에 난 상
처'일 가능성이 있다는 이야기가 나왔다.

톨런드 남자, 그라우벨레 남자는 둘 다 이탄에 묻혀 있었기
때문에 피부가 새카매지긴 했지만 전체적으로는 '불과 며칠 전
에 죽은 듯한' 보존 상태였다. 여러분이 꿈꾸는 '화석'과 비교
할 때 이 방법은 어떠한가?

05
손톱까지 분명하게
그라우벨레 남자의 오른
손. 손톱까지 분명하게 남
아 있고, 지문마저 확인
된다고 한다. 2200년 이
상 전의 시신이라고는 도
저히 생각할 수 없을 만큼
생생하다.
사진: Robert Harding
Images / Masterfi /
amanaimages

뇌도 남았지만……

그 밖에도 흥미로운 늪지대 시신의 사례는 더 있다.

1952년에 독일 북부의 윈드비 농원에 있는 늪지대에서 남녀 시신이 한 구씩 발견되었다. 톨런드 남자와 마찬가지로 이때도 처음에는 현대에 일어난 범죄와 관련된 시신이 아닌가 하는 의심을 샀다. 그리하여 경찰이 출동하는 소동이 한바탕 벌어진 후 늪지대 시신이라는 것이 확인되어 박물관으로 옮겨졌다.

남녀 시신 중 특히 주목을 받은 것은 몸이 홀쭉한 여성 쪽이었다. 나이는 대략 13~14세. 얼굴이 오른쪽을 향한 채로 누워 있었고, 오른손을 오른 가슴에 얹은 모습이었다. 피부는 전체적으로 탱탱한 느낌까지 잘 보존되어 있었으나 가슴 부분은 무슨 이유인지 연조직이 없고 갈비뼈만 남아 있었다. 게다가 이역시 불온하게도 털실로 짠 가리개가 눈을 덮고 있었다. 또 몸주위에 막대기 형태의 목재와 돌도 발견되었다. 이는 늪지대에

06
윈드비의 소녀(?)
가슴 부분에 결손이 있어
갈비뼈가 보이기는 하지
만, 전체적으로는 피부의
탱탱함마저 느껴질 정도
로 보존 상태가 좋다.

사진: Schleswig-
Holsteinische
Landesmuseen
Schloss Gottorf

몸이 가라앉게 하기 위해 쓰였던 것으로 해석된다. 이 늪지대 시신은 윈드비의 소녀[06]라고 하는데, 나중에 한 조사를 통해 기원전 1세기 무렵의 시신이라는 사실이 밝혀졌다.

여러 문헌에는 이 소녀가 간통죄를 저질러 늪지대에 가라앉는 형벌을 받았다는 해석이 나와 있다. 함께 발견된 남성 시신을 간통한 상대로 보았던 것이다. 눈에 선히 그려질 만큼 생생한 이야기다.

하지만 『내셔널 지오그래픽』 2007년 9월호에 따르면 이야기가 좀 다른 모양이다. 후에 연구한 결과, 남성 시신이 윈드비의 소녀보다 300년이나 더 오래되었다는 사실이 밝혀졌다는 것이다. 게다가 윈드비의 소녀는 사실 '소년'이 아닐까라는 주장도 제기되었다.

소년일까 소녀일까? 왜 눈가리개를 하고 있었을까? 많은 부

분이 궁금하지만 그 부분은 고고학을 다루는 서적과 기사에 양보하고 싶다. 이 책을 집필한 시점에서는 아직 일본 출판 시장에 흔치 않은 주제지만, 이렇게 매력적인 소재인 만큼 머지않아 전문가가 뜨거운 해설을 내놓지 않을까?

이 책 제목이 『화석이 되고 싶어』인 만큼, 역시 시신의 보존 상태 쪽에 주목하고 싶다.

피부에 탄력마저 느껴지는 윈드비의 소녀는 가슴 부위 등에 결손은 있으나 그 밖에는 완벽한 보존 상태를 자랑한다. 엑스선 분석 결과, 뇌의 보존 상태도 무척 양호했고 실제로 해부한 결과 그 사실이 증명되었다.

하지만 '그녀'의 머리에는 원래 있어야 할 것이 없었다. 뼈가 없었던 것이다. 주름과 홈이 분명하게 확인될 정도로 뇌[07]의 보존 상태는 좋았다. 하지만 그 뇌를 보호하는 두개골이 없었다.

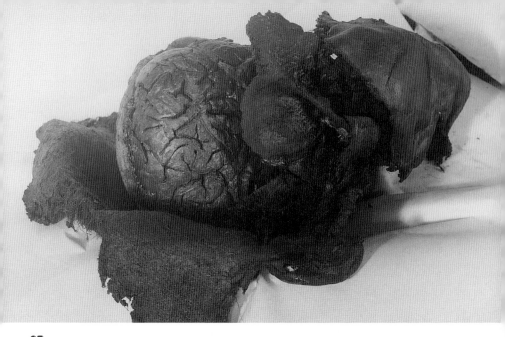

07
두피를 벗겼더니……
윈드비의 소녀(?)는 두피를 벗기자 바로 뇌가 보였다. 두개골이 녹아 없어진 것이다.
사진: Schleswig-Holsteinische Landes-museen Schloss Gottorf

머리 가죽을 벗기자 바로 뇌가 보였던 것이다.

식초에 담근 달걀처럼

늪지대 시신의 보존 상태가 좋은 이유는 지리적인 조건 및 늪지대 특유의 환경 때문으로 보고 있다. 지금부터 앞서 소개한 『늪에 빠진 사람들』과 『내셔널지오그래픽』외에 브라이오니 콜스와 존 콜스가 공저한 『습지의 사람들*People of the Wetlands: Bogs, Bodies and Lake-Dwellers*』, 덴마크 실케보르 박물관 웹사이트 등을 바탕으로 정보를 정리해 보겠다.

덴마크와 독일 북부 등 많은 늪지대 시신이 발견되는 지역은 기본적으로 춥다. 시신이 가라앉은 당시 늪지대의 수온도 낮았는데, 섭씨 4℃ 이하였던 것으로 짐작된다. 이 온도는 가정용 냉장고 온도와 비슷하다. 파나소닉 홈페이지의 '자주 하는 질문'의 답변에 따르면 냉장고 온도는 보통 3~6℃, 저온으로 설

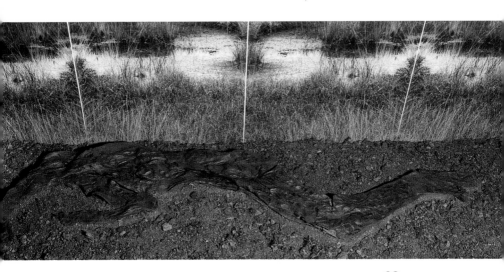

08
마치 가죽 자루 같다
독일 다멘도르프에서 발견된 피부와 머리카락, 손톱만 남아 있는 늪지대 시신. '강산인 환경에서는 뼈가 남지 않는' 전형적인 예.
사진: Schleswig-Holsteinische Landes-museen Schloss Gottorf

정할 경우 0~2℃ 정도다. 얼지는 않지만 상당히 낮은 온도인데, 이 조건일 때 미생물의 활동을 막을 수 있는 듯하다. 미생물이 활동하지 않으면 연조직이 분해되기 어렵다.

또 시신이 늪에 가라앉을 당시 그곳에는 물이끼가 대량으로 번식하고 있었다. 늪지대 시신이 묻혀 있던 이탄의 정체는 사실 이 물이끼다. 이끼류가 늪지대 시신을 만든 일등공신이었던 셈이다.

물이끼는 다량의 타닌을 만들어낸다. 타닌은 가죽을 무두질할 때 쓰이는 수용성 화합물이다. '무두질'이란, 그대로 두면 부패해서 분해되거나 말라서 딱딱해지는 동물의 원피에 일정한 약물 처리를 해서 열화를 억제하고 강도를 만들어 '가죽'으로 만드는 작업을 일컫는다. 늪지대 시신 역시 마치 무두질된 가죽처럼 시신의 표면을 타닌이 보호한 것이다. 피부에서 탄력을 느낄 수 있는 것도 이 타닌 덕택인 면이 크다.

한편 물이끼로부터 이탄이 생성될 때 휴믹산humic acid, 부식산이라는 산이 방출된다. 이탄 속에 침전된 휴믹산에 둘러싸인 시신은 산성 환경 속에서 보존되는 것이다. 알맞은 산성 환경은 미생물의 활동을 억제해 주기 때문에 시신의 장기 보존에 큰 도움이 된다.

하지만 산성 환경은 칼슘을 녹인다. 여기서 그라우벨레 남자의 뼈에서 칼슘이 녹아 나왔다는 점, 윈드비 소녀에게 두개골이 없었다는 사실을 떠올려보자.

이렇게 뼈를 잃은 늪지대 시신[08]의 극단적인 예가 독일의 다멘도르프에서 발견되었다. 이 시신은 무두질한 가죽처럼 된 피부와 머리카락, 손톱 이외에는 아무것도 남지 않았는데, 내장이며 뼈까지 완전히 없어졌다. 강한 산성에 다 녹아 없어진 것으로 짐작된다. 결과적으로 이 시신은 가죽으로 된 자루 같은 상태가 되어 있었다.

일반적으로 생물의 유해가 화석이 될 때 연조직과 경조직의 보존은 이율배반적인 관계에 있다. 연조직이 남기 쉬운 환경에서는 경조직이 남기 힘들고, 경조직이 보존되기 쉬운 환경에서는 연조직이 남기 어렵다. 연조직은 알칼리성 환경에서 분해되기 쉬운 반면, 경조직은 산성 환경에서 분해되기 쉬워서다. 반대로 말하면 알칼리성 환경에서는 경조직이 보존되기 쉽고, 산성 환경에서는 연조직이 잘 보존된다.

이는 집에서도 쉽게 실험해볼 수 있다. 그릇에 식초를 붓고 날달걀을 껍질째 담그는 것이다. 십여 시간 뒤에 식초를 갈아주고 다시 십여 시간 정도 기다리면 껍질이 완전히 사라진 모습을 확인할 수 있다.

나도 중학생 시절에 실험해 보았는데, 식초 냄새가 아주 강렬하니 집안을 잘 환기시키기 바란다. 참고 도서로는 사마키 다케오의 『탱글탱글 달걀을 만들자ぷよぷよたまごをつくろう』 등이 있

1 재료와 도구를 준비한다

유리병이랑 달걀은 깨끗이 씻자!

유리병 달걀 식초

2 병에 달걀을 넣고 식초를 붓는다

달걀이 푹 잠길 만큼 붓자!

3 이틀 정도 기다린다(껍질이 녹는지 관찰하자)

거즈 덮개

4 병에서 달걀을 꺼내면 완성!

오, 탱탱하군!

는데, 인터넷에 검색해도 자세한 방법이 나오니 자녀와 함께 자유 연구로 실험해 보면 어떨까?

지금까지 나온 내용을 정리해 보자. 늪지대 시신으로 화석이 될 경우 상황에 따라서는 다멘도르프의 늪지대 시신과 같이 자루처럼 된 피부만 남을 가능성이 있다. 반면 산성 정도가 '알맞은' 환경에서는 톨런드 남자처럼 경조직과 연조직을 모두 보존할 수도 있다. 하지만 '자루 같은 상태가 되더라도 피부만 남길 수 있다면 괜찮아.' 하고 생각하는 게 아니라면 늪지대 시신이 되는 방법은 꽤 큰 도박이라고 할 수 있겠다.

늪지대 시신을 어떻게 보존할까?

늪지대 시신이 잘 보존될 수 있었던 이유를 다시 살펴보자.
저온 환경에서 타닌에 의해 피부가 보호되고, 휴믹산에 의

산성 환경에서는 경조직이 녹고 연조직만 남는다. 이것은 집에서도 쉽게 실험할 수 있다. 『탱글탱글 달걀을 만들자』를 참고로 제작.

해 '알맞은 산성 환경'이 조성되었다. 이러한 조건이 절묘하게 상호 작용하면서 늪지대 시신이 만들어진 것이다. 하지만 이탄에서 발굴되고 난 늪지대 시신은 이러한 환경에서 벗어나게 되는 셈이다. 그 결과 경우에 따라서는 부패와 붕괴가 일어나기도 한다.

1950년에 톨런드 남자가 발견되었을 때, 연구자들은 보존 방법을 두고 고심했다. 이 시대에는 사람 크기의 늪지대 시신을 보존하는 방법이 확립되지 않았기 때문이다.

연구자들이 선택한 방법은 '머리만이라도 보존'하는 것이었다. 『늪에 빠진 사람들』에 보면 머리를 몸통에서 분리하여 포르말린, 알코올, 톨루엔, 파라핀 등의 처리를 거치고 밀랍까지 이용했다고 한다. 1년이 넘는 시간이 소요되는 이 작업에 의해 톨런드 남자의 머리 윤곽과 얼굴은 '완벽하게 보존될 수 있었다'라고 위의 책에 나와 있다. 다만 '크기가 전체적으로 약 12퍼센트나 줄어들어 버렸다'고 한다.

한편 1952년에 발견된 그라우벨레 남자는 당초부터 '발견되었을 때의 모습 그대로 전신을 보존하자'는 방침이 정해졌고, 랭콘벡C. Lange-Kornbak이라는 전문가가 복구 작업의 지휘를 맡았다.

해부 조사 결과, 그라우벨레 남자의 '타닌으로 무두질한 가죽'은 불완전하다는 사실이 판명되었다. 그래서 콘벡이 채택한 것은 이 '무두질한 가죽'을 촉진시켜서 피부의 보존성을 높이는 방법이었다. 타닌을 포함한 졸참나무 수액과 껍질을 많이 준비하여, 마치 박제 속에 솜을 채워 넣듯 그라우벨레 남자의 몸속을 채웠다. 게다가 그라우벨레 남자를 보관하기 위한 케이스도 졸참나무로 만들었다. 케이스를 고정시키기 위한 금속이 타닌과 반응하지 않도록 경첩을 케이스 바깥에 붙이는 철저함을 보였다.

이렇게 해서 한 달 넘게 여러 방법을 동원해 보존 처리가 끝났다. 처리 전에 했던 석고 주형과 비교해 보면 처리 후의 그라우벨레 남자에는 거의 손상이 없었고 변형이나 축소도 일어나지 않았음을 확인할 수 있었다. 꽤 행복한 결말이 아닌가.

그렇지만 엄청난 수고가 들어간다는 점에 주목했으면 한다. 늪지대 시신은 발굴 후에도 인적, 경제적 비용이 든다.

물론 그라우벨레 남자의 사례는 반세기 이상 전의 이야기인 만큼, 지금은 훨씬 뛰어난 보존 기술이 발달했다. 만약 여러분이 늪지대 시신으로 남는다면 그 화석이 발견될 미래에는 더 진보한 기술도 기대해 봄직하다.

다만 그 기술을 여러분 혹은 여러분이 남긴 생물 화석에 적용할 수 있을지는 발견되어 보지 않으면 알 수 없는 일이다. 사회 분위기가 화석 보존에 할애하는 시간과 예산, 인원을 허락하지 않을지도 모른다. 또는 이러한 기술을 어느 시점에서 잃어버리고, 어쩌면 톨런드 남자처럼 '축소된 머리만' 보존될 가능성도 있다. 또 여러분 이외에도 많은 늪지대 시신이 발견되어 여러분을 보존하는 우선순위가 한참 뒤로 밀릴 수도 있다. 그러는 사이에 여러분은 자연스레 분해·붕괴될지도…….

늪지대 시신으로 화석이 되는 경우는 발견된 후 최대한 빨리 보존 처리를 받을 수 있도록 신경 써야 할 필요가 있어 보인다. 이를테면 여러분이 '귀중'하다는 사실을 어필하는 '뭔가'와 함께 이탄에 묻히는 게 좋을 수도 있겠다. 어떤 분야든 희소한 것에 자본이 투입되기 쉬운 법이니까. 물론 산성에 강해야 할 필요도 있으므로 금속은 기본적으로 피하는 편이 좋다.

호박 편
천연수지에 휩싸여

호박 속 공룡 화석

호박. 주로 태고의 침엽수에서 흘러나온 천연수지(송진)가 굳어 화석이 된 것. 경도 2.5로 비교적 부드러워서 금속으로 긁으면 긁힌다. 연마와 가공도 쉬워 비즈와 카메오로 가공되기도 한다. 화석이 되고 싶다면 호박에 휩싸인 상태로 남는 길도 있다. 그렇게 되면 훗날 장신구로 가공되어 소중히 다뤄질지도 모른다.

호박에 갇힌 화석 중 최근 큰 주목을 모은 사례가 있다.

2016년 말, 중국 지질 대학의 리다 싱Lida Xing 교수팀이 호박에 갇힌 공룡 화석[01]을 보고했다. 그 호박은 미얀마에 분포하는 약 9900만 년 전(백악기 중기) 지층에서 채굴한 것인데, 지름이 몇 센티미터 정도인 크기였다. 그 속에는 짧은 털이 빽빽하게 나 있는 길이 37밀리미터 정도의 '꼬리'가 L 모양으로 휜 채 들어 있었다.

호박을 발굴한 업자는 처음에 이것을 '식물 부스러기' 쯤으로 여겼다고 한다. 하지만 연구팀이 이 호박을 입수해 분석한 결과, 소형 수각류(공룡의 한 종류)의 꼬리 일부라는 사실이 드러났다.

꼬리 이외의 부분이 남아 있지 않다는 점이 몹시 안타깝다. 하지만 언젠가는 머리 등도 발견되어 잘 분류될지도 모른다 …… 이 호박에서 그러한 '앞으로의 가능성'을 느낄 수 있다.

01
호박 속의 공룡 화석
미얀마에서 채굴한 호박 속
에 깃털에 휩싸인 공룡 꼬리
가 들어 있었다.
사진: Lida Xing

참고로 동물의 '머리'가 들어있는 호박[02]도 발견되었다.
2017년에 역시 미얀마 산지에서 싱이 보고한 호박이다. 이 호
박에는 아기 새가 들어 있었다. 조류는 공룡의 한 종류이므로
이것도 '공룡 화석이 든 호박'이라고 말할 수 있을 것이다.

그 호박은 긴지름이 10센티미터가 조금 안 되는 크기였다.
앞에서 소개한 '공룡 꼬리가 든 호박'과의 차이는 불순물을 많
이 포함하고 있어 전체적으로 혼탁해 안이 거의 보이지 않는다
는 점이다. 즉 장신구로서의 가치는 (아마도) 그리 높지 않다.

02
안에 무엇이……?

미얀마에서 채굴된 호박 중
하나. 불순물이 많지만 안에
뭔가가 들어 있다는 것은 알
수 있다.

사진: Lida Xing

03
생생한 다리

위 사진의 호박에서 오른쪽 아래 부분을 확대한 것. 날카로운 발톱은 물론이고 비늘 하나하나까지 눈으로 확인할 수 있다.

사진: Lida Xing

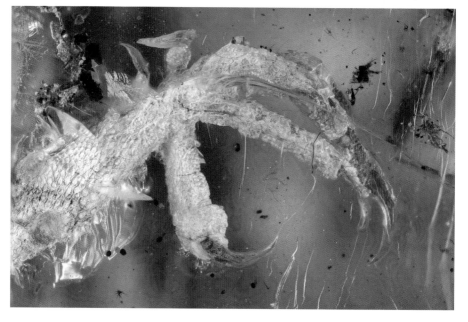

　🌏　**5**　**호박 편**

호박 표면에 길이 1센티미터도 채 되지 않는 작은 다리[03]가 보인다. 예리한 발톱이 달린 세 개의 발가락을 섬세한 비늘들이 뒤덮고 있다. 무척 생생하고 한눈에 봐도 조류의 발임을 알 수 있다. 하지만 그 밖의 부위는 외부에서 확인하기 불가능하다.

그래서 컴퓨터 단층 촬영computed tomography, 엑스선을 이용해 횡단면의 영상을 얻는 방법[04]을 해 보니 호박 속에서 머리 부분과 앞다리(날개)가 남아 있음을 알 수

있었다. 이러한 특징을 통해 '에난티오르니테스류Enantiornithes'라는 그룹에 속하는 새라는 사실이 밝혀졌다. 다만 CT 스캔은 피부를 투과하는 방식이어서 아기 새의 표정과 생김새 등은 아쉽게도 알 수 없었다.

다리가 있고, 머리가 있고, 날개가 있다. 하지만 이 표본은 몸통의 많은 부분이 없다. 아주 아까운 표본이다.

왜 몸통이 없을까? 싱 교수팀의 말로는 이 아기 새가 수지에 충분히 덮이지 못했을 것이라고 한다. 수지가 조금씩 채워지는 과정 속에서, 마지막까지 노출되어 있던 몸통은 미처 다 덮이기 전에 풍화되어 없어지지 않았겠느냐는 것이다. 여러분이 호박 속 화석이 될 때도 수지에 한 번에 담기지 않으면 같은 일이 일어날 수 있으므로 주의가 필요하다.

곤충도 꽃도 뚜렷하게 남다

호박의 최대 산지로는 북유럽의 발트해 연안 지역을 들 수

05
파충류도 이렇게
발트해에서 발견된 호박에는 수키닐라케르타의 후반신이 들어 있었다. 비늘까지 선명하게 보인다.
사진: WEITSCHAT & WICHARD 2013

있다. 이 산지에서 발견된 호박은 신생대 고제3기의 에오세 Eocene 중기에서부터 올리고세 Oligocene, 그러니까 대략 4800만~2800만 년 전에 살았던 다양한 생물을 내포하고 있다.

그중 몇 가지를 살펴보자. 척추동물로 예를 들자면 장지뱀류인 수키닐라케르타 수키네아 *Succinilacerta succinea*가 든 호박이 알려져 있다. 장지뱀류는 '뱀'이라고 되어 있지만 사실 도마뱀에 속한다. 발트해산 호박을 많이 소개한 『발트 호박 속 동식물 도감*Atlas of Plants and Animals in Baltic Amber*』에는 장지뱀류의 꼬리와 뒷다리가 든 표본[05] 또는 뒷다리만 확인할 수 있는 표본 등이 실려 있다.

다만 척추동물이 호박에 들어간 예는 드물고, 현재까지는 무척추동물이 든 호박이 압도적으로 많다. 벌 종류[06]나 개미[07], 의갈류[08] 그리고 바구미류[09] 등 크기가 1센티미터도 채 되지 않는 작은 절지동물들이다.

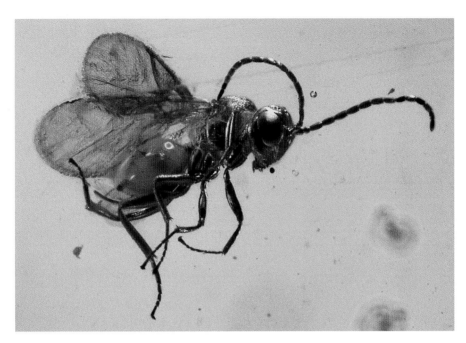

06 더듬이의 관절까지 보인다 발트해산 호박 중 하나. 수중다리좀벌과. 사진: WEITSCHAT & WICHARD 2013

07 볼록한 부분까지 선명하게 발트해산 호박 중 하나. 불개미과. 사진: WEITSCHAT & WICHARD 2013

08 배의 미세한 구조까지도…… 발트해산 호박 중 하나. 혹두줄앉은뱅이과(Cheiridiidae).
사진: WEITSCHAT & WICHARD 2013

09 겹눈의 렌즈까지 뚜렷하게 발트해산 호박 중 하나. 바구미과. 사진: WEITSCHAT & WICHARD 2013

여기서 펠리컨 거미과_Archaeidae_[10]라는 이름의, 긴 협각chelicerae, 집게처럼 생긴 부속지이 특징인 그룹에 대해 알아보자. 거미 종류이긴 하지만 다른 거미와 달리 척추동물처럼 '목'이 있는 구조다.

발트해산의 호박에 든 동물은 대부분 멸종하지 않고 지금까지도 명맥을 유지하고 있는데 펠리컨 거미과도 그 예에서 벗어나지 않는다. 펠리컨 거미과의 현생종은 열대 아프리카와 오스트레일리아에 서식하며, '거미를 사냥하는' 독특한 생태여서 '자객 거미assassin spider'라는 이름으로도 알려져 있다. 이처럼 생김새도 생태도 흥미롭지만 무엇보다 포인트는 그 연구사다. 펠리컨 거미과는 발트해의 호박으로 그 존재가 확인되고 나중에야 현생종이 보고된 무척 드문 '역사'를 가진 주인이다.

척추동물의 예와 달리 절지동물은 전신이 온전히 남아 있는 경우가 많다. 마치 '불과 며칠 전까지 살아 있었다'고 주장하듯

10
미세한 구조도 분명하게

발트해산 호박 중 하나. 펠리컨 거미과는 호박에 든 화석의 발견이 현생종의 발견보다 더 빨랐다.
사진: WEITSCHAT & WICHARD 2013

호박에서 꺼내면 곧바로 움직일 것만 같다.

한편 동물뿐 아니라 장미[11], 솔방울[12] 등 식물의 일부도 호박에 든 것이 발견되었다.

호박이 감싼다는 것

다시 한번 말하지만, 호박은 송진과 같은 수지가 굳어서 만들어진 것이다. 영국 맨체스터 대학의 폴 셀든Paul A. Selden과 존 너즈John R. Nudds가 『화석 생태계의 진화Evolution of Fossil Ecosystems』

12
솔방울

발트해산 호박 중 하나인
'솔방울'. 호박은 이런 것
도 남겼다.

사진: WEITSCHAT &
WICHARD 2013

에서 정리한 정보에 따르면 바로 이 '수지'라는 조건이 호박 속에 절지동물, 특히 곤충이 많이 들어 있는 이유라고 한다. 달콤한 수액을 빨려고 찾아온 곤충들이 송진(수지)에 몸이 붙들려 그대로 보존되었다는 것이다. 일부 거미 등의 포식자는 수지에 빠져 허우적대는 사냥감을 노리고 왔다가 자신도 붙잡혔던 것으로 보인다. 어느 시대든, 어떤 동물이든, 도굴꾼이 미라를 훔치려 왔다가 자기까지 미라가 되고 마는 것과 비슷한 일이 일어나는 법인가 보다.

그런데 이렇게 호박을 만드는 수지는 어떤 식물에서 분비된 것일까?

『화석 생태계의 진화』에 따르면 발트해의 호박은 소나무과와 남양삼나무과의 특징을 모두 가진 '멸종된 겉씨식물'인 것으로 짐작된다. 두 나무의 특징은 구체적으로 무엇일까?

원래 가장 유력한 후보는 분비되는 수지의 양이 많은 남양

삼나무과의 나무였다. 그런데 발트해 지역에서는 남양 삼나무과 화석이 확인되지 않았다. 당연한 말이지만 수지를 만드는 침엽수가 있어야 하고, 그 침엽수가 있었다면 줄기나 잎이 화석으로 남았을 법도 한데……

한편 소나무과는 화석이 발견되긴 했으나 적어도 현생종을 생각하면 수지의 분비량이 적을 터였다. 대량의 호박을 남기려면 대량의 수지가 필요하다. 발트해 지역에서 화석이 확인되는 소나무과 식물로는 대량의 수지를 '준비'하기 어려웠을 것이다.

이러한 배경을 바탕으로 한 절충안이 바로 '소나무과와 남양산나무과의 특징을 모두 가진 멸종한 겉씨식물'인 것이다. 실제로 그러한 식물 화석이 발견된 것은 아니고, 수지의 바탕이 되는 식물은 여전히 베일에 가려져 있다. 이러한 부분이 호박에 갇혀 화석이 되고 싶은 사람에게는 다소 걸림돌이 될지도 모르겠다. 재료가 불분명한 상태에서 도전해야 하니까 말이다.

그런데 호박에 갇힌 생물은 살아 있었을 때 그대로의 몸일까? 이미 봤듯이 겉모습에는 별로 문제가 없다. 그렇다면 '속'은 어떨까?

『화석 생태계의 진화』에서는 간과 근육 등이 확인된 호박 속 거미나 근육섬유와 세포핵, 리보솜, 미토콘드리아가 확인된 흡혈성 파리매 등이 있다는 사실을 언급하고 있다. 근육뿐 아니라 세포까지 남아 있다니 정말 놀라운 보존성이다.

이렇게까지 보존성이 뛰어나다면 혈중 DNA도 보존 가능할것이라고 생각하는 독자도 있겠지. 영화 "쥬라기 공원"의 재현이다. 이 영화는 호박 속에 갇힌 공룡

남양삼나무

소나무

발트해의 호박은 어떤 식물에서 분비된 것인지 아직 밝혀지지 않았다. 남양삼나무과와 소나무과가 유력한 후보이긴 한데……

시대의 모기로부터 '공룡의 피'를 뽑아내 혈중 DNA를 이용해 공룡을 복제한다는 이야기다.

하지만 오스트레일리아 머독 대학의 모르텐 알렌토프트 Morten E. Allentoft 팀이 2012년에 한 보고에 따르면 DNA의 반감기는 521년으로, 절반 정도가 '붕괴'된다고 한다. 기온과 보존 상황에 따라서도 달라지겠지만, DNA를 복원할 수 있는 기술이 개발되거나, 예외로 보존되지 않은 이상은 수만~수십만 년 단위로 DNA를 남기기란 어려워 보인다.

그러니 DNA는 생각하지 않기로 하고, 겉모습은 생존했을 때의 모습을 그대로 유지할 수 있으며 내부도 세포까지 보존력을 자랑한다. '이거네, 이거야말로 이상적인 방법이야' 하고 혹 하는 사람도 있을 것이다. 그런데 일단 말해두지만, 속이 그대로 보존되는 것은 아니다. 호박과 닿은 표피는 그 모습 그대로지만, 탈수 현상 때문에 속이 30퍼센트 정도 줄어든 경우도 있다. 뭐, 겉만 멀쩡히 남을 수 있다면 내장에 '사소한 틈'이 생기는 것쯤이야 대수롭지 않을 수도 있다. 하지만 30퍼센트라니, 속이 좀 많이 숭숭 뚫릴 것 같다.

또 다른 함유물의 존재 역시 신경 써야 할 부분이다. 화석 자체가 아무리 잘 보존되어 있더라도 호박에 금 간 부분이라든지 불순물 때문에 세세한 부분을 확인할 수 없다는 것은 잘 알려진 사실이다. 실제로 80쪽에서 소개한 백악기의 조류 화석도 CT 스캔을 하지 않았더라면 머리가 남아 있다는 사실을 알지 못했을 것이다. 수지에 휩싸일 때는 같이 휩싸이는 물질도 신경 쓰기 바란다.

또 어떤 종류의 호박은 작은 공기 방울이 유해를 덮고 있기도 한다. 에멀션[13]이라고 하는 이 기포층은 『화석 생태계의 진화』에 따르면 유해에서 나온 습기와 수지가 반응해서 생긴다고

13
아아, 에멀션

발트해산 호박 중 하나.
곤충의 표면을 하얀 에멀
션이 덮고 있다.

사진: Wolfgang
Weitschat

한다. 이것은 수지를 만드는 식물 종류에 따라 달라지는 듯한
데, 발트 호박의 수지는 특히 에멀션이 잘 발생했던 것으로 보
인다. 그러니까 발트 호박을 만든 나무 후보로 들었던 소나무
과와 남양삼나무의 수액은 피하는 편이 나을 수 있다.

에멀션과의 연관성뿐 아니라 호박이 되었을 때의 굳기라든
지 투명도 등 수지를 고를 때도 과제가 적지 않다. 그리고 무엇
보다 큰 장애물은 수지의 양이다. 사람 정도 되는 대형 동물이
통째로 담기려면 자연적으로 흘러나오는 수지만으로는 현저히
양이 부족하다.

장신구로 판매되는 호박은 세공을 거쳐 뾰족한 부분을 갈아
내서 둥그스름한 것이 대부분이다. 하지만 '오리지널'은 모양이
다양하다. 나뭇가지에서 떨어지려 하는 물방울 모양, 나무 안
쪽 틈새를 메운 형태라든지 수지의 표면을 뒤덮은 평면 형태도
있다. 모두 부피가 꽤 제한적이다. 이를테면 냉동 매머드가 보
존된 영구 동토의 지층은 물론이고 늪지대 시신이 발견되는 이

탄층과 비교해도, 호박이 차지하는 공간이 훨씬 작다. 호박에 남은 화석으로 절지동물 등 작은 생물이 많은 것은 그런 이유가 크다.

지금까지 소개한 호박 표본은 어느 하나 할 것 없이 모두 크기가 작다. 80쪽의 아기 새가 든 표본이 꽤 큰 편에 속할 정도다. 『발트 호박 속 동식물 도감』에 소개된 정보에 따르면 지금까지 발견된 최대 표본은 1킬로그램이 조금 못 되는 무게였다고 한다. 그러니 사람 크기는 도저히 기대할 수 없다.

현실적으로 보면 호박에 의해 보존될 수 있는 것은 기껏해야 작은 동물 정도까지다. 호박은 '온전하게 화석이 된다는 점'에서는 가장 적합하지만, 여러분이 화석이 될 경우에는 적용이 불가능해 보인다. 물론 나무 수십 그루에서 수지를 긁어모으면 사람 크기라도 충분히 감쌀 수 있을지 모른다. 하지만 그렇게까지 인위적으로 만든 것을 과연 '화석'이라고 부를 수 있을지라는 또 다른 논란거리가 생기지 않을까?

그래도 크기만 작다면 연조직, 경조직을 불문하고 겉모습을 그대로 유지한 채 온전히 남길 수 있다. 에멀션 문제도 있으므로, 내부에서 기체가 발생하지 않는 무기물이 무난할 것이다. 결혼반지 등 추억이 담긴 물건 또는 스마트폰 등 전자기기를 손상 없이 보존하려면 이 방법이 이상적일지도 모른다. 이런 것들이라면 내부가 축소될 걱정도 없으니 말이다.

호박 화석의 경우 크기가 큰 것은 적합하지 않으니 반지, 스마트폰 등 '작은 물건'을 추천한다. 전자제품의 경우 데이터까지 남길 수 있을지는 잘 모르겠지만……

화산재 편

거푸집으로 남다

로마 시대의 '실적'

늪지대 시신이나 호박 속 화석처럼 세세한 부분까지 남길 필요는 없고(늪지대 시신 편과 호박 편 참조), 뭐랄까, 이렇게, 전체적인 실루엣만 대충 남아도 괜찮아.

이렇게 미묘하면서도 핵심만 남기길 원하는 분에게는 뜨거운 '화산재에 덮이는' 방법을 권한다. 입문 편에서 '화석이 되려면 화장은 기본적으로 금지'라고 했는데, 이번 방법은 예외에 해당한다. 이 방법을 선택하면 피부와 근육, 내장 등 연조직은 포기해야 한다. 뼈는……남길 수 있을지도 모른다. 이 방법의 가장 큰 특징은 인생 최후의 순간이 '대략적인 형상'으로 남는다는 것이다. 거기에 석고를 부으면 마치 조각상처럼 모습이 드러난다.

'화산재에 덮인 인류 화석' 중에는 비록 역사는 짧지만 서기 79년에 만들어진 '실적'이 유명하다(화석은 보통 1만 년 이전 생물의 흔적을 뜻하므로 이는 엄밀히는 화석이 아니지만 화석화 과정을 설명하기 위한 예시로 표현한 듯하다. - 감수). 바로 폼페이 유적이다.

폼페이는 옛날 이탈리아 남부의 나폴리 만※ 연안에 있었던 도시다. 기원전 8세기까지 건설되었고, 그 후 로마 제국 시대에는 귀족의 별장지, 휴양지로 발전했다.

서기 79년 8월 24일 오후 1시 무렵, 폼페이에서 북서쪽으로 10킬로미터 정도 떨어진 곳에 있던 베수비오 화산이 분화했다.

대량의 화산재가 폼페이를 덮쳤고 화산쇄설류가 무서운 속도로 흘러들었다.

화쇄류란 화산에서 분출된 용암 이외에 여러 가지 고온 물질(바위, 재 등)이 가스와 섞여서 일종의 시커먼 구름을 형성해 빠른 속도로 땅 위를 흐르는 현상을 말한다. 이로 인해 폼페이는 붕괴되었고 2,000명이 넘는 사람들이 희생되었다고 한다. 고온과 질식으로 사람들은 아마 몇 초도 버티지 못하고 죽었을 것이다. 그리고 그 시신은 뜨거운 화쇄류를 맞아 순식간에 익었고 두꺼운 화산재에 뒤덮여 흐르는 세월과 함께 썩어갔다.

19세기, 폼페이 유적의 감독관이 되어 발굴을 지휘한 주세페 피오렐리Giuseppe Fiorelli는 쏟아져 굳어버린 화산재 속에 사람 형태를 한 공간이 있다는 사실에 주목했다. 시신이 썩은 후에 그곳이 빈 공간으로 남았던 것이다. 피오렐리는 그 공간에 석고를 부어 보기로 했다. 화산재로 된 거푸집을 이용해 레플리카를 만든 것이다. 석고가 굳은 다음 거푸집을 부수면 사람 형

태 석고상**01**이 나오는 방법이다.

이 방법으로 죽기 직전 사람들이 어떤 자세를 취했는지 알 수 있게 되었다. 그중에는 죽음에 대한 공포로 표정이 일그러져서 마치 '죽기 싫어!', '왜 죽어야 하지?' 하고 말하는 것만 같은 것도 있다. 사람뿐 아니라 고통에 몸부림치는 개**02** 등도 발견되었다. 참으로 가슴 아픈 광경이다.

그런데 석고상 자체는 말 그대로 '석고제'다. 생물체가 아니다. 그렇다고 단순한 석고 레플리카도 아니다. 그 특징은 내부 구조에 있다.

19세기에 피오렐리가 쓴 방법은 화산재 속에 생긴 '거푸집'에 석고를 쏟아 붓는 것이었다. 거푸집이 생길 수 있었던 까닭은 긴 세월 동안 피부와 내장 등 연조직이 썩어 분해되었기 때문이다.

하지만 사람도 개도 연조직만 있는 것이 아니다. 우리 척추

석고

화산재

빈 공간

피오렐리가 쓴 폼페이인 '복원'법. 빈 공간에 석고를 부어서 만든다. 화산재 속에서 연조직은 썩어 없어지지만 뼈는 여전히 남아 있는 경우가 있다.

동물은 뼈도 있고 치아도 있다. 이런 경조직은 어떻게 됐을까?

최근, '고고학사상 드물게 볼 수 있는 야심찬 복구 사업'(「내셔널 지오그래픽」 2016년 4월 14일 뉴스)라는 프로젝트의 일환으로 폼페이의 거푸집으로 만들어진 석고상을 CT 스캔하는 작업이 진행되었다. 그 결과 석고 속에 뼈와 치아가 들어 있는 것이 확인되었다.

가장 주목한 부분은 치아였다. 프로젝트에 참여한 치기공사가 치아를 살펴봄으로써 그 주인의 직업을 특정할 수 있었다고 한다. 물론 무엇을 먹었는지 등 식생활을 추리하는 것도 가능했다. 이렇게 해서 폼페이 사람들의 생활을 좀 더 실감나게 살펴볼 수 있었다.

석고상이면서도 그 속에 시신의 일부가 들어 있는 것. 이 역시 '화석'에 속할지 모른다. 하지만 만약 여러분이 이 독특한 방법을 쓰고 싶다면 죽기 직전 몇 초 동안 어마어마한 고통을 각오해야 하니, 나는 어디까지나 죽은 후에 쓸 수 있는 방법을 선택하길 권하고 싶다.

털끝 강모, 수컷의 생식기, 새끼를 끌어주는 실

화산재에 뒤덮여 그 생물의 몸 대부분은 썩어 사라지고 대략적인 형태가 거푸집처럼 남는다. 이러한 화석은 인류의 전매특허가 아니다.

영국 잉글랜드 서부에 위치한 헤리퍼드셔에는 약 4억 2500만 년 전에 쏟아져 내린 화산재가 쌓여 만들어진 지층이 있다. 이 화산재 지층에서 고생대 실루리아기Silurian Period, 4억 4370만 년~4억 1600만 년 전 중반이 조금 지난 무렵에 살았던 동물의 '거푸집 화석'이 발견되었다.

실루리아기는 기후가 온난한 시대였는데, 육상 식물 중 가장 오래된 화석이 이 시대 지층에서 확인되었다. 한편 육상 동물 화석에 관해서는 거의 기록이 없는데, 특히 척추동물은 육지 생활을 전혀 하지 않았던 것으로 짐작한다. 생명 활동의 주된 무대는 물속이었고, 전갈을 닮은 절지동물이 많이 번식했다. 물고기는 있었지만 당시에는 몸집이 작아 먹이 피라미드에서 '약자'에 속했다. 그런 시대였다.

헤리퍼드셔의 화산재 지층의 두꺼운 곳은 1미터 정도였다. 그 속에 수심 150~200미터에서 살았던 해양동물 화석이 잠들어 있었다. 그렇다고 화산재 속에 화석이 바로 들어 있었던 것은 아니다. 크기 2~20센티미터 정도 되는 암석덩어리가 화산재에 묻혀 있었는데, 그 속에 거푸집이 있었던 것이다. 이 암석덩어리를 단괴nodule 또는 결핵체Concretion라고 하는데, 이 책에서는 '결핵체'라고 부르기로 한다. 결핵체 안에 들어 있던 해양동물의 화석을 몇 가지 살펴보자.

다양한 종류의 헤리퍼드셔 화석이 보고된 가운데 내가 가장 먼저 소개하고 싶은 것은 오파콜루스 킹기Offacolus kingi[03]다. 오파콜루스 킹기는 생김새는 말할 것도 없고 보존 상태도 가히 '충격적'이다.

오파콜루스는 전체 길이가 5밀리미터 정도 되는 협각류다. 몸 뒤쪽에만 마디가 있고 어묵처럼 생긴 껍데기를 등에 짊어지고 있다. 몸 뒤쪽 끝에는 굵기 0.2~0.3밀리미터의 가시가 나와 있다.

배의 뒤쪽에는 너비 0.75밀리미터 정도에 아가미처럼 생긴
구조가 좌우로 나 있다. 그리고 10개의 부속지(다리)가 앞쪽을
향해 튀어나왔다. 각 부속지의 굵기는 0.4밀리미터 이하. 가운
데 두 개를 제외한 여덟 개는 두 개씩 짝을 이루어 몸체와 이
어져 있다. 앞쪽 다리는 끝에 아주 미세하고 억센 털이 돋아 있
다. '억센 털이 난 부속지'를 가진 생물 화석은 아주 드물다. 이
털이 어디에 쓰이는지는 아직 밝혀지지 않았지만, 이 정도로
미세한 구조가 화석으로 남았다는 것 자체가 희귀한 일이다.

충격적인 보존율로 말하자면 콜림보사톤 엑플렉티코스
Colymbosathon ecplecticos[04]도 뒤지지 않는다. 전체 길이 5밀리미터
정도인 개형충류다. 개형충류는 갑각류에 속하는데, '개介'는
'패貝'로 쓰는 경우도 많아서 '패충류', '조개물벼룩'이라고 부르

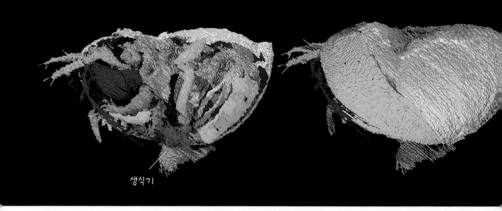

생식기

04

세계에서 가장 오래된 수컷

전체 길이 5밀리미터 정도인 개형류 콜림보사톤을 복원한 것. 딱딱한 껍데기(오른쪽)를 벗기면 내부 구조까지 알 수 있다(왼쪽).

사진: David J. Siveter

기도 한다. 이 이명을 보면 알 수 있듯 탄산칼슘으로 된 껍데기를 두 장 가지고 있는 것이 특징이다. 이것들은 대부분 껍데기가 화석으로 남아 지층이 퇴적된 시대를 결정하는 '표준화석'으로 유용하게 쓰이거나, 지층의 퇴적 환경을 추측하는 '시상화석'으로 쓰인다. 개형충류 그룹에는 대략 5억 년의 역사가 있으며 현생종도 존재한다.

헤리퍼드셔에서 발견한 콜림보사톤 화석은 껍데기뿐 아니라 내부 구조까지 확인되었는데, 각종 부속지와 내장 그리고 눈의 형태까지 파악할 수 있었다. 무엇보다도 놀라운 것은 수컷의 생식기가 확인되었다는 점이다.

음경에 뼈가 있는 개 등 일부를 제외하면, 척추동물과 무척추동물을 불문하고 생식기는 연조직으로 형성된 경우가 많다. 화석은 연조직이 보존되는 경우가 극히 드물기 때문에 발견된 개체의 암수를 구별하기 위해 논의가 필요할 때가 많다.

그런데 콜림보사톤은 생식기의 형태가 남아 있었다. 이는 지금까지 알려져 있는 한, 세계에서 가장 오래된 수컷 생식기 기록이다. 이 화제에는 고생물계뿐 아니라 일반적인 매체도 주목했다. 영국의 BBC는 논문이 발표된 2003년 12월에 「태고의 성기 화석 발견*Ancient fossil penis discovered*」라는 제목의 뉴스를 보

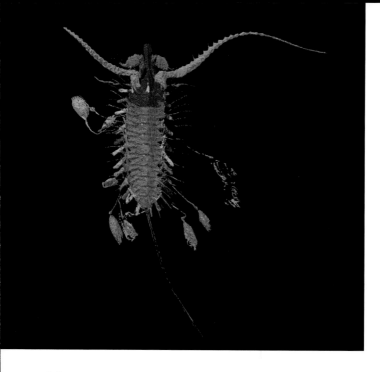

05
미세 구조를 통해 생태를
전체 길이 1센티미터 정도
인 절지동물 아퀼로니페
르. 무척 가느다란 실의
존재가 이 동물의 생태에
관한 논쟁을 불러왔다.
사진: Briggs et al. 2016

도했다.

한 가지 종을 더 소개해 보겠다. 절지동물인 아퀼로니페르 스피노수스*Aquilonifer spinosus*[05]다. 마디가 있고 1센티미터 정도 크기의 껍데기가 있으며, 머리에는 껍데기보다 더 긴 '촉수'가 두 개 나 있다. 부속지를 많이 가졌고, 몸의 뒤쪽에는 가늘고 긴 가시가 있다.

아퀼로니페르에서 주목할 점은 같은 결핵체(퇴적암과 조성이 다른 광물질이 뭉쳐 둥근 형태를 이룬 것 - 옮긴이) 안에 전체 길이 1~1.5밀리미터 정도의 작은 절지동물이 열 마리 정도 더 발견되었다는 사실이다. 그 작은 절지동물과 아퀼로니페르가 (아마도) 아주 가늘고 유연한 실로 이어져 있었다.

이 작은 절지동물은 아퀼로니페르에 모여들었거나 혹은 기생하던 개별종이 아닐까라는 의견이 있었다. 하지만 아주 가느다란 실의 존재가 그 가능성을 부정했다. 기생하는 개별종이었다면 아퀼로니페르가 그 실을 끊어버렸을 텐데, 그러지 않고 그대로 내버려두었기 때문이다. 그렇다면 아퀼로니페르와 이 절지동물들은 어떠한 공생관계에 있었던 걸까?

아퀼로니페르를 처음 세상에 알린 미국 예일 대학의 데릭 브릭스Derek E. G. Briggs 연구팀은 이 작은 절지동물이 아퀼로니페르의 유체이고, 실로 이어짐으로써 성체가 유체를 데리고 다녔을 것이라고 추측했다. "자, 아가들아, 잘 따라와야 한단다" 하는 광경이 머릿속에 그려진다. 이러한 생태를 가진 절지동물은 현생종을 포함해도 좀처럼 찾기 힘들다. 무척 가느다란 실이 잘 보존되어 있었기에 할 수 있는 추리였다.

본체는 남지 않는다는 각오가 필요

억센 털, 생식기, '끌어주는 실'. 이렇게 작은 생물의 작고 부드러운 물질은 어떻게 남게 되었을까?

헤리퍼드셔에 관해서는 영국 옥스퍼드 대학의 패트릭 오어Patrick J. Orr 연구팀이 2000년에 발표한 논문이 있다. 지금부터 그 논문에 언급된 가설에 대해 알아보자.

우선 화산재가 있어야 한다. 입자는 미세하면 미세할수록 좋다. 화산재에 묻힌 유해가 부패하면 그 물질이 주변에 있는 화산재에 배어나오게 된다. 그리고 화산재에 포함된 광물 성분이 유해의 주변 및 내부에 쌓이는데, 특히 칼슘과 인산염이 내장에 모인다.

유해의 주위에서는 유해의 몸에서 나온 부패물질과 화산재의 광물 성분이 반응해 거푸집을 만들어, 유해의 대력적인 형태가 고정된다. 한편 유해의 몸속은 침투한 칼슘이 주성분이 되어 방해석을 형성한다. 아마 이 단계에서 생물체를 포함한

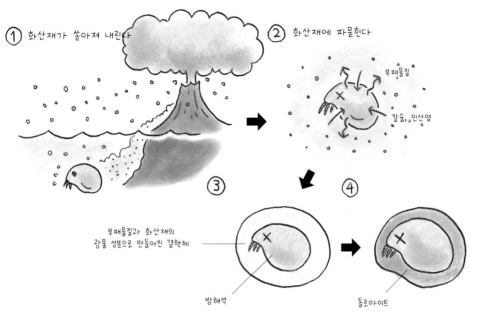

결핵체가 생기는 과정

① 화산재가 쏟아져 내린다

② 화산재에 파묻힌다

부패물질

칼슘, 인산염

③

부패물질과 화산재의
광물 성분으로 만들어진 결핵체

방해석

④

돌로마이트

결핵체도 형성된다고 보고 있다.

마지막으로 화산재의 광물 성분과 바닷물에 든 칼슘과 마그네슘 등이 반응하여 유해 주위에 돌로마이트(백운석)라고 하는 광물이 생성된다. 암석으로 뒤덮인 헤리퍼드셔 화석은 이런 식으로 만들어졌다는 것이다.

……이야기가 꽤 복잡해졌는데, 기본적으로 헤리퍼드셔 화석과 폼페이 화석은 '화산재 속 거푸집'이라는 공통점이 있다. 그런데 결정적인 차이가 있다는 사실을 눈치챘는가? 폼페이 화석은 화산재 속에 공간이 남아 있어서 석고를 부어 레플리카를 만들 수 있었다. 하지만 헤리퍼드셔 화석 안에는 이미 방해석이 들어 있었던 것이다.

헤리퍼드셔 화석은 대부분 전체 길이가 1센티미터도 되지 않는다. 그렇게 작은 표본에 0.1밀리미터보다도 작은 구조가

결핵체의 CG 복원

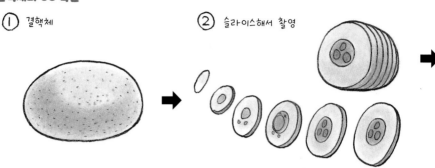

① 결핵체

② 슬라이스해서 촬영

방해석과 돌로마이트에 의해 남아 있다. 이렇게 미세한 구조를 결핵체에서 꺼내기란 몹시 어렵다.

일반적인 화석 연구법에서는 이렇게 작은 화석의 경우 드릴 등을 쓰는 물리적 방법이 아니라 약품을 쓰는 화학적 방법으로 모암母巖에서 빼낸다. 화석과 그 주위 물질의 화학성분 차이를 이용해 주위 물질만 녹이는 것이다. 그런 후 현미경으로 들여다보면서 화석을 뽑아내 분석한다.

다만 헤리퍼드셔 화석은 이 방법도 쓸 수 없다. 생물체에 화산재 속 광물 성분이 스며들어 있기 때문이다. ……그러니까 화석이나 화산재나 기본적으로 성분이 같아서 약품을 이용해 화산재를 녹이면 화석도 같이 녹아 버리고 마는 것이다.

그렇다면 헤리퍼드셔 화석은 어떻게 꺼낼까? 97~99쪽 사이에 실은 사진은 그 방법으로 꺼낸 것일까? 그런데 보면 알겠지만 이 사진은 컴퓨터 그래픽이다. 화석 자체도 아니고 '복원화'도 아니다. 사실은 이 컴퓨터 그래픽이 바로 헤리퍼드셔 '화석'이다.

어떻게 된 일인지 지금부터 설명해 보겠다.

물리적인 방법으로도, 화학적인 방법으로도 헤리퍼드셔 화

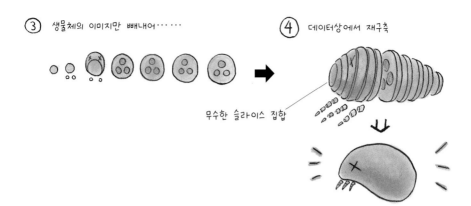

③ 생물체의 이미지만 빼내어……

④ 데이터상에서 재구축

무수한 슬라이스 집합

석을 꺼내기란 불가능하다. 그래서 연구자가 선택한 방법은 대담하게도 '꺼내기를 포기한다'였다.

우선 결핵체를 30마이크로미터(사람 머리카락 굵기의 절반 이하) 간격으로 얇게 썰어서 단면을 이어 촬영했다. 그리고 2,000장 이상의 단면 사진을 컴퓨터상에서 이어 붙여 화석을 '만든' 것이다. 병원에서 컴퓨터 단층 촬영을 해본 사람이라면 상상하기 쉬울 것이다. 촬영된 단면 사진을 모두 이어붙이면 내장의 형태도, 사람의 외형도 엄밀하게 재현된 이미지가 완성된다. 참고로 이 방법을 쓰면 결핵체와 함께 거푸집도 썰리기 때문에 화석 자체가 남지 않는다.

폼페이처럼 빈 공간이 생기거나 혹은 헤리퍼드셔 화석처럼 다른 화학 성분으로 바뀌거나. 여러분이 화산재를 이용해 화석이 된다면 이 둘 중 하나가 될 것이다.

한편 폼페이의 화산재 속에는 폼페이 도시가 그대로 파묻혀 남아 있었다. 석회암, 응회암 등으로 된 시가지와 극장, 도로 등의 건축물이 한순간의 스냅숏으로 보존된 것이다. 그러니 이렇게 암석으로 된 것이라면 같이 '화석'으로 남을 수 있을지도 모르겠다.

06
선명한 '전언'
화산재에 묻혔던 프레스
코 벽화는 1900년 이상
전의 문화를 지금의 우리
에게 생생하게 전해준다.
사진: Photogolfer /
Dreamstime.com

또 폼페이에서는 프레스코화[06]가 남아 있다는 사실도 확인되었다. 회반죽을 이용한 이 예술작품은 화산재의 열에 변색될 가능성은 있지만 다채로운 색깔이 충분히 잘 남아 있다. 즉 폼페이의 사례와 같은 방법이면 예술작품도 보존될 가능성이 있는 것이다. 살아 있을 때의 모습이나 애용하던 것, 자신이 살던 도시의 풍경 혹은 후세의 발견자들에게 남길 메시지 등을 석회암 조각이나 프레스코화로 남겨보는 것은 어떨까?

헤리퍼드셔와 같은 방식은 컴퓨터 데이터로 남길 수 있다. 색깔 등은 남지 않지만, 디지털 상으로 보존되기 때문에 사후 관리가 몹시 편할 것이다. 미래에도 여전히 인터넷이 있다면 전 세계가 공유할 수도 있다.

자, 여러분은 어느 쪽에 끌리는가?

폼페이 방식

폼페이 방식은 몸의 대략적인 형태와
프레스코화를 남길 수 있다. 반면 헤리
퍼드셔 방식을 선택하면 본체는 남지
않지만 세세한 부분까지 컴퓨터 데이
터로 남는다. 이 경우에 색깔은 임의적
이다. 여러분은 어느 쪽을 선택하겠는
가?

헤리퍼드셔 방식

7 석판 편

건축 자재나 인테리어 소품으로도 유용

보존 상태가 좋은 화석 산지

꽤 호화로운 거실에 석판으로 장식되는 화석도 있다. 보존 상태가 좋아서 액자에 넣어 벽을 장식하는 '예술품'으로도 빛을 발한다.

바로 독일 남부 졸른호펜Solnhofen의 화석이다. 보존 상태가 좋은 화석으로 남고 싶다면 이곳의 화석에 대해 알아두어서 나쁠 것은 없다.

보존 상태가 좋은 화석이 나오는 지층을 '화석 광맥'이라고 부른다. 이 책에서 지금까지 소개했던 산지는 기본적으로는 전부 화석 광맥이었다. 그리고 세계 각지에 있는 화석 광맥 가운데 지금부터 소개할 졸른호펜 화석은 지명도가 가장 높다. 이지역에는 약 1억 5000만 년 전(쥐라기 후기)에 쌓인 석회암이 동서로 약 100킬로미터, 남북으로 약 50킬로미터에 걸쳐 분포하고 있다.

졸른호펜을 대표하는 화석으로는 시조새Archaeopteryx가 있다. 아니, 오히려 시조새의 존재가 졸른호펜의 지명도를 높였다고 말해도 과언이 아닐 것이다.

시조새 화석은 지금까지 열 개체 이상 발견되었다. 그중에서도 1861년에 보고된 '런던 표본'과 1876년에 보고된 '베를린 표본'은 압도적인 보존 상태를 자랑한다. 두 표본 다 거의 전신이 남아 있으며 각 부위의 뼈에서는 여전히 생생한 질감이 느껴진

01
시조새 베를린 표본

'시조새라고 하면 이 표본!' 하고 생각하는 사람이 많을 것이다. 세세한 부위까지 잘 남아 있고 날개도 확인된다. 아아, 정말 아름답다. 이왕 화석이 될 거면 이런 모습이 되고 싶지 않은가?

사진: bpk / Museum für Naturkunde Berlin / Carola Radke / distributed by AMF

다. 또 뼈 주변 석회암에는 날개를 덮었던 깃털의 흔적이 분명하게 남아 있다.

먼저 베를린 표본[01]부터 살펴보자. 이 표본은 다양한 미디어에서 사진이 노출되었기 때문에 '본 적 있다', '시조새 하면 제일 먼저 떠오르는 화석이다' 하는 사람도 많을지 모르겠다. 몸을 활짝 젖힌 자세, 꼬리, 네 다리, 두개골. 넋을 잃고 볼 만큼 보존 상태가 뛰어나다. 게다가 이 표본에는 조류처럼 날개가 확인되면서도 부리 구조가 아니라 이빨이 나 있는, 현재의 조류에는 없는 특징도 보인다. 이 화석이 발견되면서 시조새는 파충류와 조류를 잇는 미싱 링크missing link, 진화계열 중간에 있는 것으로 추정되지만 아직 발견되지 않은 화석 생물. - 옮긴이로 다윈의 시대 때부터 주목을 모았다.

다음으로 런던 표본[02]이 있다. 이 화석은 몸에서 조금 떨어진 부위에 뇌함腦函이 남아 있었다. '뇌함'이란 뇌가 들어 있는 부분으로 뇌 자체가 화석으로 남지 않더라도 뇌함을 조사하면 뇌의 대략적인 구조를 알 수 있다. 런던 표본의 경우 뇌함을 CT 스캔한 결과 삼반규관semicircular canal이 지금의 조류만큼이나 발달했다는 사실이 드러났다. 삼반규관은 균형을 담당하는 기관이므로 시조새의 균형 감각을 규명하게 되었다. 고생물 중에 이처럼 능력까지 언급되는 종은 결코 많지 않다.

이렇게 미세한 구조가 화석으로 잘 남아준 덕분에 시조새는 생명 진화의 연구사에서 무척 중요한 위치를 점할 수 있게 되었다.

게다가 시조새는 '색깔'에 대한 연구도 이루어졌다. 보통 생물이 살았을 때의 색소는 화석으로 남지 않는다. 그것은 졸른호펜 화석도 마찬가지다. 하지만 2012년 미국 브라운 대학의 라이언 카니Ryan M. Carney 연구팀이 시조새의 것으로 보이는 깃

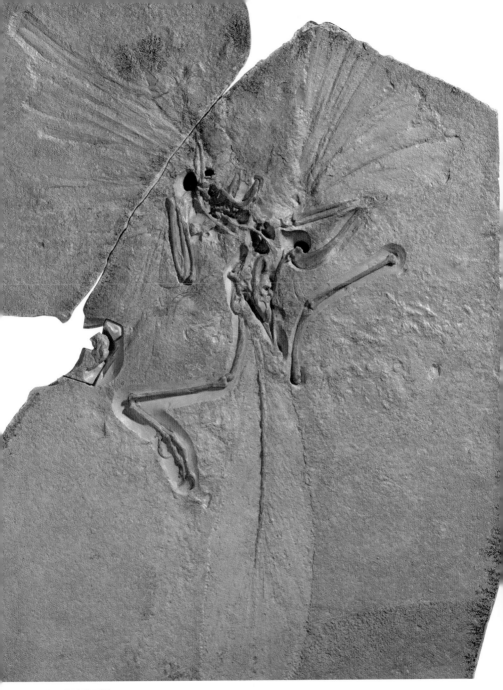

02 시조새 런던 표본

사진 왼쪽에 있는 오른쪽 다리의 발뒤꿈치 부근(크게 '〈' 모양으로 꺾여 있는 발뒤꿈치 바로 옆)에 뇌함이 남아 있다.

사진: NHM London/amanaimages

검은색 색소를 만드는 세포 내 소기관이 남아 있어서, 처음에는 시조새의 온몸이 검은색이라고 생각했다. 하지만 어쨌든 현미경으로 들여다봐야 겨우 보이는 기관이므로 어디까지나 중요 부위가 '검은색'일 뿐이었다. 현재는 흰색과 검은색이 섞인 모습으로 복원되어 있다.

복원(구)

복원(신)

털 화석에서 '멜라노솜'이라는 세포 내 소기관을 확인했다. 색소 자체는 없지만 색소를 만드는 기관이 남아 있었던 것이다.

멜라노솜은 만드는 색소에 따라 형태가 달라지는 특징이 있다. 카니 연구팀은 시조새의 깃털 화석에서 확인된 멜라노솜의 형태를 현생 조류의 깃털 115장과 비교했다. 그 결과 95퍼센트가 넘는 확률로 시조새의 깃털이 검은색이었다는 사실이 드러났다.

2013년에는 영국 맨체스터 대학의 필립 라스 매닝Phillip L. Manning 연구팀이 화석에 남은 화학 성분을 엑스선으로 분석해 색깔을 추정하는 연구를 했다. 그 결과 카니 연구팀이 95퍼센트의 확률로 주장했던 검은색은 사실 깃털 바깥쪽에만 해당되는 이야기이고, 안쪽 부분은 밝은 색이라는 사실이 드러났다. 이러한 분석 결과 시조새 화석은 모든 고생물 중에서도 극히 드물게 '색깔'을 논의할 수 있는 표본으로 손꼽히고 있다.

질 좋은 화석으로 시조새만 있는 것이 아니다. 졸른호펜에서는 척추동물, 무척추동물을 불문하고 다양한 양질의 화석이 산출되었다. 그중에서 2012년에 보고된 스키우루미무스 Sciurumimus[03]에 대해 알아보자.

스키우루미무스의 복원 그림. 놀라운 화석은 다음 장에서 확인할 수 있다.

스키우루미무스는 전체 길이가 70센티미터인 소형 공룡이다. 화석의 보존 상태는 그야말로 완벽하다. 코에서부터 네 다리, 꼬리 끝까지 완벽하게 남았으며 꼬리가 이어진 부분 등에서 깃털도 확인되었다. 지금은 일부 공룡이 깃털과 함께 복원되는 경우가 많아졌지만, 이렇게 직접적인 증거가 분명하게 확인되는 것은 그리 많지 않다.

지금까지 보았듯 졸른호펜 화석은 뛰어난 보존 상태 때문에 학술적으로도 무척 가치가 높은 것이 많다. 이러한 느낌의 화석이 되어 보고 싶지는 않은가?

최후의 '발버둥질'을 남기다

여러분 자신이나 어떠한 물건을 화석으로 만들 때, 거기에는 생명 활동을 끝낸다는 전제가 기본적으로 깔려 있다. 살아 있으면서 화석이 되는 단계를 밟는 것은 너무도 무모한 짓이니 반드시 다시 생각해야 한다.

그런데 자연계에는 예외도 있는 법이다. 실은 갑작스레 찾아온 죽음의 그림자에 당황하며, 목숨이 붙어 있는 마지막 순간까지 발버둥 치던 흔적이 화석으로 남은 사례가 있다. 졸른호펜에서 그러한 '발버둥질의 흔적'이 확인되는 표본이 적지 않게 발견되었다.

그 대표적인 예가 투구게류 메솔리물루스*Mesolimulus*의 '죽음의 행진'이다. 메솔리물루스는 몸 뒤쪽에 가시가 달린 것을 빼면 지금의 투구게와 흡사한 모습이다. 졸른호펜에서는 메솔리물루스가 죽기 직전에 걸었던 족적[04]이 이따금 화석으로 발견

03

우와, 이게 진짜라고?!

스키우루미무스 표본 나는 처음 이
화석 사진을 본 순간 무심코 다시
한번 보고, 동료 연구자에게 "이거
진짜야?" 하고 확인까지 받았다. 그
정도로 보존 상태가 뛰어났다. 이빨
과 발톱, 갈비뼈, 털까지 잘 남아 있
었다. 표본의 총 길이는 대략 70센
티미터이다.

사진: Helmut Tischlinger

112

메솔리물루스

04
괴로움에 발버둥치다가

메솔리물루스의 '죽음의 행진 화석'(위). 9.6미터나 된다. 위 사진 오른쪽 끝에 낙하점(아래 사진 오른쪽에 확대), 왼쪽에 족적의 '주인' 유해(아래 사진 왼쪽에 확대)가 있다. 고통스러운 행진의 흔적이다.

사진: The Wyoming Dinosaur Center & Dean R. Lomax

된다.

예컨대 2012년에 영국 동카스터 박물관의 딘 로맥스 Dean Lomax와 미국 와이오밍 공룡 센터의 크리스토퍼 라카이 Christopher A. Racay 팀이 보고한 메솔리물루스 족적 화석은 무려 9.6미터나 나 있었다.

그 기나긴 족적의 끝에 메솔리물루스 한 마리가 죽어서 화석으로 남은 것이다. 시작 부분에는 이 메솔리물루

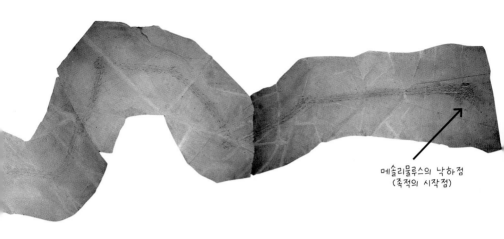

메솔리물루스의 낙하점
(족적의 시작점)

스가 죽음을 맞이하면서 방황하던 모습이 잘 기록되어 있다. 걷기 전, 진행 방향을 찾기라도 하듯 몇 회에 걸쳐서 방향을 전환했다. 걸음을 뗀 후에도 90도 방향 전환을 두 차례 했고, 중간에 쉬어가며 계속 걸었고, 마침내 죽음에 이르렀다. 이 메솔리물루스에게 대체 무슨 일이 있었던 것일까? 그 부분은 뒤에 다시 설명하겠다. 한편 졸른호펜에서는 수십 센티미터를 이동한 흔적을 남기고 죽은 새우 화석[05] 등도 발견되었다.

　족적 화석 자체는 그리 희귀하지 않다. 생물 본체가 아니라 흔적 화석의 대표라고도 할 수 있는데, 예컨대 공룡 발자국은 일본의 경우 군마현群馬県과 후쿠이현福井県, 도야마현富山県에서 발견된다(우리나라의 경우 경상남도 고성과 전라남도 해남이 유명하다. - 옮긴이). 다만 대부분의 경우 족적의 주인은 밝혀지지 않았다. 대략적인 분류는 특정할 수 있지만 종이 밝혀진 것은 많지 않고, 하물며 '어떤 개체가 남긴 것인지'까지 특정한 사례는 무척 드물다.

　하지만 졸른호펜의 족적 화석은 그러한 예들과는 다르다. 무려 족적의 끝에 그 주인이 화석이 되어 남아 있는 것이다. 척추

05
괴로워하다가……

사진 오른쪽 끝에 있는 새
우가 최후의 순간에 남긴
족적 화석. 고통에 몸부림
치며 흔적을 남겼고, 결국
에는 힘이 다했다…….

사진: Jura-Museum
Eichstätt

동물의 것은 발견하지 못했지만, 졸른호펜과 같은 환경이라면 '죽기 직전의 이야기'를 후세에 남길 가능성이 있다. 다만 몇 번이나 반복해서 말하지만, 여러분에게는 추천할 수 없다. 왜냐하면 메솔리물루스든 새우든, 분명 굉장히 고통스럽게 죽어갔을 테니까 말이다.

산소 없는 초호에서……

메솔리물루스와 새우가 '괴로워하다 죽은' 이유는 졸른호펜에 양질의 화석이 남는 이유와 겹쳐진다.

쥐라기 후기, 졸른호펜 지역 일대를 포함한 독일 남부 지방은 대부분 바다였다. 이 바다에는 당시 온난한 기후를 바탕으로 해면과 산호로 된 암초가 발달해 있었다.

지형은 복잡했고, 여러 수역들이 암초에 의해 바깥 바다와 단절되어 호수를 이루었다. 단절이라고 했지만 완전한 것은 아니어서 폭풍우 등으로 수면이 조금만 올라가도 바깥 바다와 이어졌던 것으로 보인다.

그래도 온난한 지역에서 바깥 바다와 단절되면 그 호수의 수분은 점차 증발되어 염분 농도가 상승한다. 염분 농도가 높은 물은 무거워져 호수 바닥으로 가라앉는다. 또 바깥 바다와 단절된 호수에서는 물이 위아래로 순환하기 점점 어려워져서 새로운 산소가 잘 공급되지 못한다. 결과적으로 호수 바닥 부근의 물은 염분이 높고 산소는 부족해진다. 고생물학의 기초 정보를 모은 『고생물의 과학5: 지구환경과 생명사古生物の科学5: 地球環境と生命史』의 표현을 빌리면 이때 심층은 '죽음의 수괴'였다.

염분이 높고 산소가 부족한 환경은 생명체에게는 그야말로 '죽음의 환경'이다. 소금에는 탈수 작용이 있는데, 쉬운 예로 채소를 소금에 절이면 수분이 점점 사라지는 것을 볼 수 있다. 동물이 염분 농도가 몹시 높은 환경 속에 있어도 물론 같은 일이 일어난다. 체내의 물이 빠져나가 버리면 동물은 살아갈 수 없다. 산소가 부족한 환경이야 더 말할 것도 없다.

물론 이러한 곳으로 자기 발로 가는 생물은 없다. 이러한 환경에서 화석이 된 생물은 불운하게도 폭풍우 등의 사고를 만나 그곳까지 옮겨지고 말았다는 가설이 유력하다. 이렇게 '죽음의 수괴'로 옮겨진 동물은 기본적으로는 거의 즉사했을 것이라고 본다. 다만 투구게류나 갑각류 등 어느 정도 염분 농도가 높거나 산소가 부족한 환경에서의 내성을 지닌 동물은 최후의 발버둥질, 즉 '죽음의 행진'을 화석으로 남겼다. 앞에서 소개한 메솔리뮬루스와 새우는 어떤 일을 계기로 갑자기 호수 바닥에

당시 졸른호펜 주변 지역의 해저에는 산소가 없는 '죽음의 수괴'가 있었다. 시조새들이 어떤 사고를 당해 이 호수에 잠긴 후, 석회질 나노플랑크톤(calcareous nanno-plankton, 석회질 껍데기를 가진 무척 작은 플랑크톤)의 유해에 파묻혀 보존되었던 것으로 보인다.

가라앉아 버렸고, 그래도 살아보려고 발버둥치다가 결국 죽고 만 것이다. 그들이 느꼈을 고통을 생각하면 가슴이 아린다.

이러한 '죽음의 수괴'에서는 육식동물뿐 아니라 동물의 유해를 분해하는 박테리아도 살 수 없다. 그래서 호수 바닥에 가라앉은 유해가 손상되지 않고 화석으로 남을 수 있었다. 또 동물을 옮겨온 원인이 폭풍우 등이라면 강한 물줄기에 퇴적물이 휩쓸려오면서 더욱 빨리 퇴적되기 때문에 호수 바닥에 있는 동물 유체는 급속도로 매몰된다. 이렇게 해서 졸른호펜에 질 좋은 화석이 완성되었던 것이다.

건축 자재로 남다

졸른호펜의 석회암은 일정한 방향으로 얇게 잘 쪼개진다는 특징이 있다.

졸른호펜에서는 오래 전부터 암석에 든 화석보다 모암인 석회암의 특징[06]에 주목해 왔다. 판 모양으로 깨져서, 사람의 힘으로 쉽게 채굴과 가공이 가능하기 때문에 석판 인쇄 재료, 건물 벽, 마루, 지붕 자재로 이용되었던 것이다. 그 역사는 로마 시대까지 거슬러 올라간다.

06
판 모양으로 깨진다!

졸른호펜의 석회암은 판 모양으로 깔끔하게 깨지는 특징이 있다. 그래서 건축 자재로 활용하기 쉽다. 참고로 몇몇 채굴장에서는 일정한 요금을 내면 화석 발굴 체험을 할 수 있다.

사진: Robert G. Jenkins

그것은 지금도 다르지 않다. 졸른호펜의 석회암은 대부분 흰색과 유백색, 연한 커스터드색 등을 띠고 있다. 이 독특한 빛깔은 벽을 장식하는 석재나 바닥에 깔리는 타일 등으로 활용되고 있고, 일본에서도 여기저기서 볼 수 있다. 특히 졸른호펜의 석회암으로 만든 타일은 공구를 다루는 쇼핑몰이라든지 인터

판 모양의 표본은 관리하기 수월하다. 액자로 장식하면 보기도 좋다. 거실 인테리어로 안성맞춤인 화석이리라.

넷으로도 얼마든지 살 수 있기 때문에 일반 주택에서도 잘 쓰이고 있다. 그러한 건축 자재 속에도 암모나이트와 같은 화석이 들어 있을지 모른다. 혹시라도 시조새에 필적할 만한 화석을 발견하게 된다면 엄청난 사건이다. 그때는 꼭 가까운 자연사 박물관에 제보해 주시길 부탁드린다.

　졸른호펜의 화석은 얇게 깨진 바위와 바위 사이에 끼인 형태로 존재한다. 납작하게 눌린 상태로 면 위에 거의 모든 부위가 있다. 껍데기와 뼈 등 일부는 일정한 입체감이 있지만, 전체적으로는 평면적이다.

실제로 화석을 소장하고 관리해 보면 알 수 있는데(나는 대학교, 대학원 시절에 화석을 다뤘고 지금도 많진 않지만 화석 몇 가지와 레플리카를 소장하고 있다), '판 형태의 표본'은 관리할 때 장소의 구애를 받지 않고 벽에 걸 수도 있어서 전시하기 좋다. 만약에 여러분이 되고 싶은 것이 '후세에 장식하기 좋은 화석'이고 '꼭 입체적일 필요는 없다'면 졸른호펜의 메커니즘을 참고해도 좋을 것이다. 요컨대 폭풍우 등이 이따금 휘몰아치는 지역에 있고 수심이 깊은 초호(산호초 때문에 섬 둘레에 바닷물이 얕게 괸 곳 - 옮긴이)에 가라앉는 것이다. 잘만 하면 석판 형태의 화석이 될 수 있을지도 모른다. 이번 장을 시작하면서 말했듯이 액자로 만드는 것도 가능하리라. 인테리어 소품의 탄생이다. 혹은 어느 건물에 들어간 석재에서 우연히 여러분의 화석이 발견되어 도리어 유명해질지도 모르는 일이다.

다만 졸른호펜처럼 석회암이 모암일 경우, 산성 환경은 조심해야 한다. 뼈와 껍데기 등의 경조직도 그렇지만, 석회암 자체가 산에 약하다. 실내 환경이 석회암을 녹일 만큼 산성일 리는 없겠지만, 미래는 아무도 모르니까. 만일의 사태에 대비해 이러한 '약점'을 잘 알고 있어야 하리라.

또 거듭 말하지만 살아 있는 동안에는 절대 시도하지 말자. 앞에서 봤던 메솔리뮬루스의 사례를 상기하기 바란다. 모쪼록 여러분이나 여러분이 화석으로 만들고 싶을 만큼 소중히 여기는 동물이 같은 처지에 빠지지 않기를 바란다.

셰일 편

플라스틱 수지로 깔끔하게 보존

최후의 만찬이 '세포'까지 남다

여러분 혹은 여러분이 고른 임의의 뭔가를 화석으로 만든 다고 할 때, 기왕이면 후세 연구자들이 중요하게 여길 만한 표본이 되는 것도 한 가지 방법이다. 예컨대 죽기 직전에 먹은 것, 이른바 '최후의 만찬'이 위장에 남아 있다면 후세 연구자가 틀림없이 기뻐하지 않겠는가.

그러한 화석은 실제로 존재하며 연구상 중요도가 높다. 그 동물이 '무엇을 먹고 살았는지' 알 수 있는 직접적인 증거로, 상태를 연구할 때 이보다 더 좋은 단서가 없으니까.

최후의 만찬이 남은 화석이라면 독일 서부의 '그루베 메셀 Grube Messel'이 참고가 될지도 모른다.

그루베 메셀 혹은 영어로 '메셀 피트Messel Pit'라고 부르는 이 화석 산지는 지금으로부터 약 4800만~4700만 년 전 아열대 삼림으로 둘러싸인 커다란 호수였던 것으로 추정된다. 그래서 이 땅에서는 담수어 이외에도 호수 주변에 살았던 다양한 동물 화석이 다수 산출되었다. 그 많은 화석 중에서 최후의 만찬을 남긴 표본을 세 가지 소개해 보겠다.

첫 번째는 '이다'라는 애칭을 가진 영장류, 다위니우스 마실라이Darwinius masillae[01]다.

이다는 전체 길이가 58센티미터인데 그중 꼬리 길이가 34센티미터나 된다. 머리에서 꼬리 끝까지 그야말로 '완벽하게' 보

01
그야말로 완벽
오른쪽 사진은 그루베 메셀에서 발견된 다위니우스 마실라이, 애칭 '이다'의 표본이다. 골격의 세세한 부분은 물론이고 연조직도 검은색으로 남아 있으며 위 부근에서 '최후의 만찬'도 확인된다.
사진: Jørn Hurum/ NHM/UiO

존된 표본이다. 분류에 대해서는 다소 논의의 여지가 있긴 하지만, 현재의 '곡비원류strepsirrhines'라는 그룹에 속한다는 견해가 유력하다.

이다는 우리 인간과 비슷한 어금니를 가졌다. 해부학에서 이빨은 입만큼이나 여러 가지를 증명한다. 이 표본이 발견되었을 때, 먼저 이빨의 형태를 통해 식성을 추측할 수 있었다. 작고 둥근 교두咬頭, 이빨에 난 돌기, 그 사이에 깊이 파인 부분. 지금의 영장류 중 이런 이빨을 가진 동물은 과일을 잘 먹고 곤충도 잡아먹는다.

이다의 팔다리의 특징에 주목해 보면 손가락이 길고 엄지손가락이 다른 손가락과 마주보는 형태로 붙어 있다. 뭔가를 붙잡기에 적합한 구조인 것이다. 이는 나무 위에서 생활했음을 나타내주는 특징으로 '과일을 잘 먹고 곤충도 잡아먹는다'는 이빨의 특징과 모순되지도 않는다.

보통 식성을 추리하는 것은 여기까지다. 하지만 이번에는 최후의 만찬이 남아 있다. 사실 언뜻 보기만 해서는 이다의 표본에 위 속 내용물이 남아 있는 것처럼은 보이지 않는다. 하지만 현미경으로 정밀하게 알아보니, 위에서 씨앗 특유의 '세포벽'이 확인되었다고 한다. 그 밖에도 소화되다가 남은 잎으로 보이는 것도 있었다. 한편 아무리 살펴봐도 곤충은 발견할 수 없었다. 이러한 사실을 통해 이다는 같은 형태의 이빨을 가진 포유류와 달리 주식은 잎과 과일이고 곤충은 먹지 않았던 것으로 추측한다.

이처럼 위 속 내용물이 세포벽까지 화석으로 남아, 그것을 통해 식성을 추측할 수 있다

이다의 주식은 잎과 과일이었던 듯하다. 그런 사실까지 알 수 있는 것은 다질 좋은 표본 덕분.

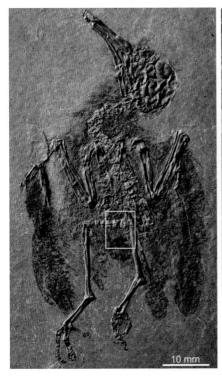

02
꽃가루도 남았다

깃털 흔적이 검게 남은 푸밀리오르니스 표본 'SMF-ME 1141a'. 왼쪽 사진의 네 다리 부분을 확대한 것이 오른쪽 사진이다. 둥글게 표시한 부분에 꽃가루가 많이 남아 있다.

사진: Gerald Mayr, Senckenberg

는 것은 놀라운 이야기다. 이다의 보존 상태가 얼마나 경이로운 것인지 짐작이 가리라. 어쩌면 미래 인류(혹은 또 다른 지적 생명체)도 우리의 식성에 대해 열띤 논의를 펼칠지도 모른다. 그럴 때 우리가 이다와 같이 보존 상태가 뛰어난 화석이어서 위 속 내용물을 남겨둔다면 연구에 큰 도움이 될 것이다. 참고로 이다에 대해서는 콜린 텃지Colin Tudge의 『링크The link』에 자세히 나와 있으니 궁금하신 분은 꼭 참고 바란다.

두 번째로 조류 화석 표본이다. 푸밀리오르니스 테셀라투스 *Pumiliornis tessellatus*[02] 화석으로, 'SMF-ME 1141a'라는 표본번호가 붙어 있다.

푸밀리오르니스는 전체 길이 10센티미터가 조금 못 되는 조류로 부리가 가늘고 긴 것이 특징이다. 지금의 벌새과로 분류할 것인지를 두고 계속 논의 중이다.

SMF-ME 1141a의 체내에서는 곤충 파편과 함께 대량의 꽃가루가 확인되었다. 이런 경우 최후의 만찬에 대해 두 가지 가능성이 있다. 하나는 곤충과 꽃가루를 각각 따로 먹었을 가능성. 또 다른하나는 꽃가루를 먹은(또는 몸에 붙은) 곤충을 먹었을 가능성이다.

이에 관해 SMF-ME 1141a를 보고한 독일 젠켄베르크 연구소의 제럴드 마이어Gerald Mayr와 볼커 와일드Volker Wilde는 곤충 파편과 비교했을 때 꽃가루의 양이 압도적으로 많은 것을 보고 곤충과 꽃가루를 따로 먹었다는 주장을 제기했다. 이 꽃가루의 형태는 콩과, 꿀풀과, 돌담배과와 비슷했다고 한다.

참고로 조류 화석에서는 2017년에 꼬리샘과 그 속에 든 유지가남은 표본도 발견되었다. 이 유지는 조류가 깃털을 정돈할 때 쓰는것으로 화석으로 잘 남아 있는 것은 역시 아주 드문 일이라고 할수 있다.

또 한 가지를 소개하겠다. 이 화석에는 세포벽과 꽃가루보다 훨씬 큰 것이 위에 남아 있었다. 무려 곤충을 먹은 도마뱀을 먹은 뱀**03**이다. 러시아 인형 마트료시카를 떠오르게 하는, 무척 흥미로운화석이다.

이 화석은 2016년 젠켄베르크 연구소의 크리스터 T. 스미스Krister T. Smith와 아르헨티나 국립과학기술연구회의의 아구스틴 스칸페르라Agustín Scanferla가 보고한 팔레오피톤 피스케리Palaeopython fischeri 화석이다. 표본번호는 'SMF ME 11332', 전체 길이 103센티미터의 유체로, 분류상으로는 보아과에 속한다. 일부 없어진 것도 있지만 머리에서 꼬리 끝까지 잘 갖추어져 있었다. 그리고 안에총 길이 12센티미터가 조금 안 되는 도마뱀의 일종 게이셀탈리엘루

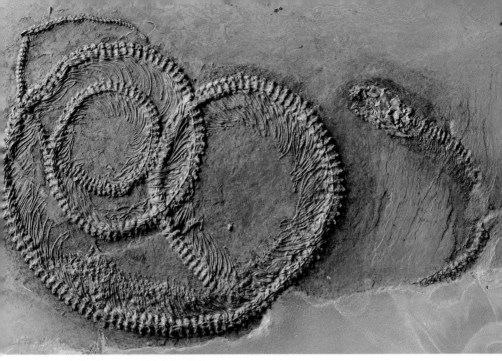

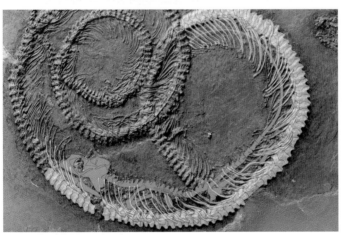

03
곤충을 먹은 도마뱀을 먹은 뱀

위 사진을 확대해 알기 쉽게 만든 것이 아래 사진이다. 도마뱀(주황색)과 그 도마뱀의 몸속에 남은 곤충(파란색)을 확인할 수 있다.

사진: Anika Vogel, Senckenberg

스 마이리우스*Geiseltaliellus maarius* 화석이 통째로 들어 있었다. 보아 하니 머리부터 집어삼킨 모양이다. 그리고 그 도마뱀 화석의 위 속에서는 곤충의 것으로 보이는 파편이 확인되었다.

즉, 게이셀탈리엘루스가 먼저 곤충을 먹고 소화시키는 도중에 팔레오피톤에게 잡아먹혔다. 그리고 팔레오피톤은 게이셀탈리엘로스를 다 소화시키기도 전에 죽었다. 죽으면 소화 작용이 정지되기 때문에 그대로 화석으로 남은 것이다. 스미스와 스칸페르라는 팔레오피톤이 최후의 만찬을 즐긴 것은 죽기 하루 내지 이틀 전이라고 주장한다. 독자 여러분도 사냥감을 통째로 삼키는 육식동물(곤충을 먹는 동물을 포함해서)을 죽기 직전에 산 채로 먹는다면 똑같은 화석이 될 수 있을지도 모른다. 별로 추천하지는 않겠지만…….

태아 그리고 '교미 중'인 화석

그루베 메셀에서 발견된 화석은 기본적으로 보존 상태가 좋은 것이 많고, 전신이 남은 것도 적지 않다. 그런 화석 중에는 무려 태아를 품은 암컷[04]도 있다.

2015년 젠켄베르크 연구소의 옌스 로렌츠 프란젠Jens Lorenz Franzen 연구팀이 연구 성과를 보고한 그 화석은 에우로히푸스 메셀렌시스Eurohippus messelensis라는 말의 일종이다. 어깨까지의 높이가 30센티미터 정도 되는 작은 말인데, 전체적으로 아담해서 현재 경마장이나 목장에서 볼 수 있는 늘씬하고 다리 긴 말과는 모습이 많이 다르다. 또 발가락이 앞발에 네 개, 뒷발에 세 개씩 있는 것도 큰 특징이다. 지금의 말에는 말발굽이 하나만 있는데 옛날에는 발가락이 여러 개가 있었던 흔적이다.

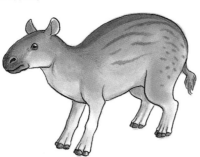
발가락이 앞발에 네 개, 뒷발에 세 개씩 있다. 소형 원시 말류인 에우로히푸스.

이 화석에는 'SMF-ME-11034'라는 표본번호가 붙었다. 그런데 프란젠 연구팀이 엑스선 검사를 이용해 SMF-ME-11034를 관찰

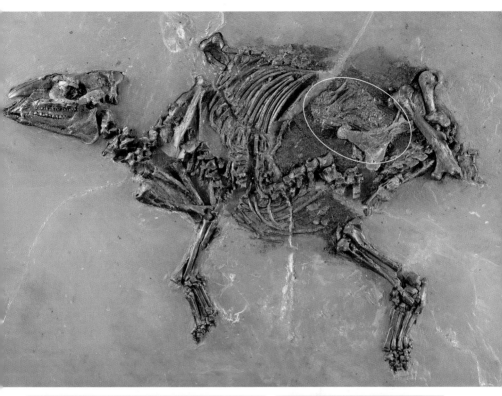

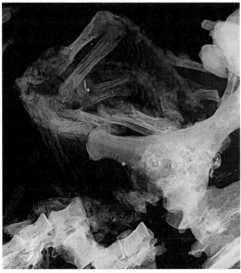

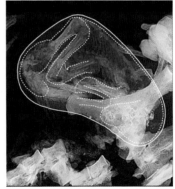

04
뱃속에 아기가 있어요

에우로히푸스의 세밀한 부분까지 보존된 골격. 위 사진의 동그라미 부분을 엑스선 촬영한 것이 아래 왼쪽 사진이다. 알아보기 쉽도록 태아의 형태를 점선으로 표시한 것이 아래 오른쪽 사진이다.

사진: 2015 Franzen et al.

했더니 허리 쪽에, 이 말의 것과는 또 다른 가느다란 뼈가 발견되었다.

당연한 말이지만 말은 식물을 먹으므로 이 가느다란 뼈는 최후의 만찬일 리 없다. 엑스선 사진을 자세히 살펴보면 그 뼈는 무릎을 굽힌 상태로 뱃속에 있던 태아라는 사실이 드러났다. 태아의 뼈는 보드랍기 때문에 일반적으로는 화석으로 남기 어렵다. 심지어 SMF-ME-11034와 같이 '뱃속에 웅크린 자세 그대로' 화석으로 남는 경우는 극히 드물다. 태아의 골격으로 봤을 때 이 모체가 임신 후기였음을 알 수 있었다. 이 역시 드문 일인데, 태반 조직까지 남아 있다는 사실까지 확인되었다.

이러한 화석도 있다. 독일 튀빙겐 대학의 발터 조이스Walter Joyce 연구팀은 2016년에 그루베 메셀에서 발견된 거북 화석에 대한 연구를 발표했다. 이 거북은 알레오켈리스 크라세스쿨프타Allaeochelys crassesculpta라는, 그루베 메셀에서는 그리 희귀하지 않은 화석종이다.

조이스 연구팀은 어떤 알레오켈리스의 화석이 9개의 쌍을 이루고 있는 것에 주목했다. 각 쌍은 크기가 작은 수컷과 큰 암컷으로 구성되어 있었고 서로의 몸이 밀착되어 있었다. 이것은 '커플'임을 시사하고 있다. 그리고 아홉 쌍 중 두 쌍은 수컷이 암컷의 몸 아래로 꼬리를 넣어 등딱지를 붙인 모습이었다. 조이스 연구팀은 이것을 교미 중인 자세[05]라고 했다.

그렇다, 한창 교미 중에 화석이 된 것이다.

이 화석의 발견으로, 멸종된 거북류의 교미에 관한 진화가 밝혀……진 것은 아니다. 하지만 '어떻게 해서 교미 중에 화석이 되었을까'가 중요하다. 굳이 목숨이 왔다 갔다 하는 환경에서 교미를 할 동물은 없다. 교미를 시작한 시점에서는 아마도 목숨이 위험해질 만한 상황이 아니었을 것이다.

지금의 거북과도 생태가 비슷한데, 알레오켈리스는 호수의 표층 부분에서 쌍을 이루고, 바닥으로 가라앉으면서 교미를 시작했다고 추측한다. 하지만 조이스 연구팀에 의하면 그루베 메셀의 호수는 적어도 표층은 극히 평범한 물이었지만 심층은 아마 독성이 높은 수괴가 있었을 것이라고 한다. 화석이 된 암수 한 쌍은 이 심층수에 도달하면서 서로 몸을 뗄 겨를도 없이 죽고 만 것이다.

석유를 남기는 무산소 환경에서

그루베 메셀의 '죽음의 수괴'에 대해 좀 더 자세히 살펴보자. 지금부터는 앞서 소개했던 『링크』와 세계의 양질 화석 정보를 모은 『화석 생태계의 진화』를 참고로 이야기를 이어간다.

옛날에 그루베 메셀에 있었던 호수는 지름이 약 3킬로미터,

깊이는 300미터에 달했다고 한다. 현대 일본의 호수 중에서 깊이가 가장 근접한 것은 아오모리현青森県에 있는 수심 326.8미터의 도와다호十和田湖다. 다만 도와다호의 지름은 약 10킬로미터다. 그러니까 그루베 메셀의 호수는 굉장히 좁으면서 깊은 호수였던 듯하다.

이 호수가 어떻게 형성되었는지에 관해서는 몇 가지 가설이 있다. 『링크』에서는 '폭발화구설'을 주장하고 있다. 굉장히 에너지 넘치는 이름인데 쉽게 말하자면 화산성 호수라는 뜻이다. 앞에서 예로 들었던 현대의 도와다호도 화산성 호수이고, 일본에서 수심이 가장 깊은 아키타현 다자와호田沢湖 역시 화산성 호수에 속한다. 화산이 분화하면서 화구에 커다란 호수가 생기는 것은 그리 특별한 일이 아니다.

그루베 메셀의 호수는 주로 빗물과 지하수가 모였을 뿐, 항상 흐르는 하천도 호수에서 흘러나온 하천도 없었던 것으로 짐작한다. 물이 순환하지 않았기 때문에 수심이 깊은 곳은 산소가 부족했고, 게다가 화산에 의해 독성이 높은 수역이 되었던 것이다. 한편 표층 수십미터 정도의 수역은 많은 생물이 살 수 있을 정도의 산소가 물에 녹아 있었을 것이다. 알레오켈리스도 아마 모든 개체가 교미 중에 깊은 물 아래로 가라앉은 것이 아니라 대부분은 그렇게 가라앉기 전에 행위를 끝냈을 것이다.

그루베 메셀의 호수는 아열대 삼림에 둘러싸여 있었다. 당연히 잎과 가지 등 많은 식물질이 비바람 등에 의해 호수로 날아와 가라앉았다. 때로는 수면 근처에서 조류藻類가 많이 번식했고, 그 사체가 호수 바닥에 가라앉는 과정에서 부패 및 분해되면서 주위의 산소를 소비했다.

일정 깊이 이상 물 속으로 들어가면 산소가 없는 세계가 있다. 그곳에 가라앉은 식물은 썩지 않고 그대로 보존된다. 그대로 점점 계속해서 쌓이면 아래쪽의 식물은 열을 내뿜으면서 짓눌린다. 이렇게 해서 생긴 지층은 식물에서 유래한 석유를 많이 함유하게 된다. 그래서 그루베 메셀의 지층은 '셰일층' 또는 '함유셰일'이라고도 부른다.

그런데 '무산소의 세계'라고 해도 극히 소수의 박테리아는 살았던 듯하다. 그들에게 동물 사체는 아주 고마운 먹거리다. 화산 가스 등으로 인해 죽은 동물이 가라앉으면 그 사체에 박테리아가 일제히 몰려든다.

많은 생물이 그러하듯 박테리아도 활동할 때는 산소를 소비하고 이산화탄소를 방출한다. 유해를 분해하기 시작한 박테리아는 일시적으로 많은 이산화탄소를 물속에 방출한다. 그때 물속에 포함되어 있던 화학 성분과 이산화탄소가 반응하면서 능철광이라는 광물이 생성된다. 능철광은 유해에 모여든 박테리아와 유해를 통째로 덮어 버리고, 호흡할 수 없게 된 박테리아는 사멸한다. 그 결과 유해는 능철광에 덮여 그대로 보존된다. 『링크』에 따르면 이것이 그루베 메셀의 화석이 이상하리 만큼 잘 보존된 이유라고 한다.

그루베 메셀의 화석은 다양한 조건이 겹쳐져서 생겼다. 유독한 화산 성분, 무산소 환경으로 생긴 '죽음의 수괴', 호수 바닥에 쌓인 석유 성분
......

건조 금지! '신선'할 때 수지 가공을

영장류 이다, 꽃가루를 먹었던 푸밀리오르니스, 곤충을 먹은 도마뱀을 먹은 뱀 팔레오피톤, 태아를 품은 에우로히푸스, 교미하던 중에 화석이 된 알레오켈리스······. 이 표본 사진들을 보면 전부 주위가 주황색 물질로 싸인 형태로 보존되어 있음을 알 수 있다. 이는 천연 암석도 광물도 아니고, 사진 가공에 의한 것도 아니다. 인공적인 플라스틱 수지로 화석을 코팅한 것이다. 그루베 메셀에서 산출한 화석 대부분에 이렇게 처리해 놓았다.

주황색이 아름답네······하고 생각하는 사람도 있을지 모르겠다. 하지만 이 수지 코팅은 아름다움과 화려함을 추구하고자 한 것이 아니다. 여기에는 다 과학적인 이유가 있다.

그루베 메셀의 화석은 식물이 퇴적해서 생긴 셰일 속에 있다. 이 셰일이 또 예사롭지 않은데, 15퍼센트 정도의 석유와 대략 40퍼센트나 되는 수분을 포함하고 있다. 셰일을 파내면 수분이 증발하면서 쩍쩍 갈라진다. 물론 안에 든 화석도 함께. 그대로 내버려두면 귀중한 표본이 가루가 되고 마는 것이다.

그래서 필요한 것이 수지다.

우선 발굴한 화석의 단면을 주위를 감싼 셰일까지 통째로 플라스틱수지로 고정한다. 그리고 현미경으로 들여다보면서 침을 사용해 플라스틱 속의 셰일을 제거해나간다. 눈에 보이는 범위의 셰일을 다 제거하면 플라스틱 속에 다시 수지를 부어넣고 고정시킨다. 모든 작업은 화석이 마르기 전에 끝내야 하기 때문에 속도가 중요하다. 이렇게 세밀한 작업을 거쳐서 그루베 메셀의 화석은 발견 당시의 모습 그대로 수지 속에 보존된다. 하지만 이 정도로 보존 상태가 좋은 화석들이라면 노력할 만한 보람이 있을 것이다.

만약에 여러분이 그루베 메셸식 방법으로 화석이 되려 한다면 우선 능철광을 만들 수 있는 환경이 필요하다. 식물 찌꺼기가 쌓이는 깊은 호수는 유력 후보가 될 수 있다. 이때 후세 연구자를 위해서 대량의 수지와 고정하는 방법까지 함께 남겨두는 게 좋겠다. 모처럼 화석이 되어서 발견되었는데 가루가 되고 만다면 차마 눈뜨고 볼 수 없지 않을까. 그래도 잘만 된다면 주황색 수지에 쌓여 '양질의 화석'으로 보존될 수 있을 것이다.

세일층으로 화석이 된다면 수지 치환에 의한 보존 방법이 필수다. 수고가 좀 들지만, 그만큼 세세한 부분까지 뚜렷하게 남을 수 있고, 수지 특유의 '화려한 느낌'도 살릴 수 있다.

보석 편

아름답게 남다

빨강, 파랑, 초록으로 빛나다

화석 중에는 마치 보석처럼 빛나는 것도 있다. 혹시 여러분이 되고 싶은 화석은 그러한 '보석'인가?

이를테면 암모나이트 화석 중에 빨강과 파랑, 초록으로 빛나는 것이 있다. 캐나다의 특정 지역에서만 발견되는 그 화석은 살아 있었을 때부터 화려하게 빛났던 것이 아니다. 어디까지나 화석이 된 결과 빛나게 되었을 뿐이다. 이 암모나이트 화석은 '보석 같은 것'이 아니라 실제로 '보석'으로 취급되는데, 이때는 암몰라이트Ammolite [01]라는 보석명으로 불린다. 보석화한 화석의 전형적인 예라고 할 수 있겠다.

여러분이 화석이 될 때 암몰라이트처럼 빛나는 것은 가능할까?

그 이야기를 하려면 우선 암몰라이트의 탄생 메커니즘부터 알아야 한다.

살아 있었을 때 암모나이트 껍데기는 탄산칼슘을 주성분으로 하는 광물 '아라고나이트(선석)'로 되어 있다. 이때는 암몰라이트와 달리 '진주'와 같은 광택을 가진다.

아라고나이트라는 광물은 일정 이상으로 열을 받으면 '방해석(칼사이트)'으로 변한다. 방해석은 아라고나이트와 같은 탄산칼슘을 주성분으로 하는 광물이지만, 분자 배치가 다르고 성

01
이거야, 보석화!
오른쪽 페이지는 위아래 모두 암몰라이트다. 보석으로 취급되는 화석이다. 참고로 빨강보다도 초록, 초록보다도 파란색이 희소가치가 있다. 위아래 모두 긴지름이 60센티미터 정도.
사진: 주식회사 아틀라스

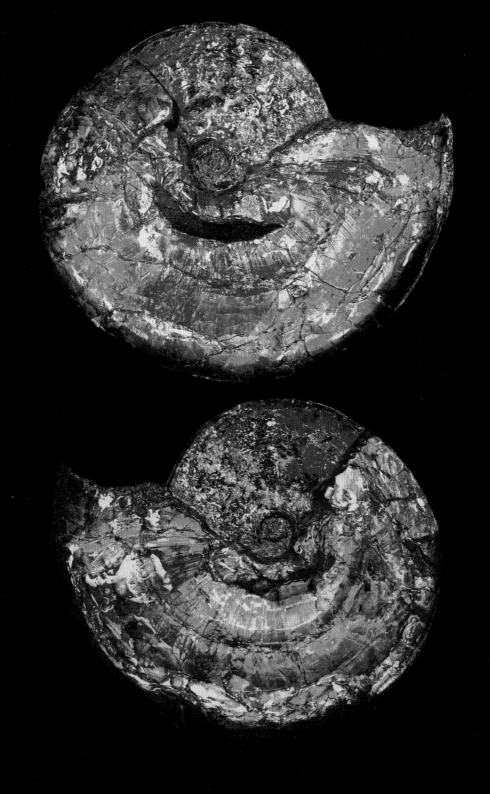

02
아주 일반적인 암모나이트 화석

홋카이도에 분포한 백악기 지층에서 발견된 '일반적인' 암모나이트 화석. 늑(rib)들이 선명하게 남아 있는 질 좋은 표본이다.

사진: Office GeoPalaeont

질도 다르다. 일반적인 암모나이트 화석은 이 방해석으로 구성되어 있다.

아라고나이트가 방해석으로 바뀌면 아라고나이트가 지녔던 진주 같은 광택은 사라진다. 박물관 등에서 흔히 볼 수 있는 암모나이트 화석[02]을 떠올려 보라. 잘 닦인 표면이 반짝거리는 것도 있겠지만, 보석이라기보다는 돌이라는 인상이 강하게 들 듯 말이다.

그런데 말이다. 지층 속에서 아라고나이트가 방해석으로 변하기 직전에 열의 영향이 멈추는 '절묘한 상태'가 있는 듯하다. 그 타이밍에 변화가 멈춘 암모나이트 껍데기가 빨강, 초록, 파랑으로 알록달록한 빛을 띠게 된다고 보고 있다. 암몰라이트의 탄생이다. 이러한 상황을 만들어낼 수 있는 화석 산지는 캐나다의 앨버타Alberta주에 있는 약 7000만 년 전의 특정 지층밖에 없다.

이렇게 보면 암몰라이트의 광택은 탄산칼슘을 주성분으로

한 광물의 변화 과정에서 우연히 생긴 것이라는 사실을 알 수 있다. 안타깝게도 우리 인간을 비롯해 척추동물의 뼈는 인산칼슘을 주성분으로 하고 있기 때문에 암모나이트와는 원소부터 근본적으로 다르다. 암몰라이트처럼 알록달록한 빛깔을 품은 보석이 되기란 좀 어려울 것 같다.

살아 있었을 때 암모나이트 껍데기
광물명: 아라고나이트

보석이 된 암모나이트
보석명: 암몰라이트

암모나이트 화석
광물명: 방해석(칼사이트)

무엇보다도 완전한 보석화라는 것은 사실 좀 생각해봐야 할 문제다. 암몰라이트는 그 상태 그대로 전시되기도 하지만, 안타깝게도 조각조각 내어 장신구로 활용하는 경우도 적지 않다. 그 파편 하나에도 경우에 따라서는 수십만 원이 넘는 가치가 붙는다. 여러분이 보석이 된다면 같은 상황에 처해질 가능성이 있을 것이다. 운 좋게 전신이 온전히 발견된다 하더라도 학술 대상이 되어 그대로 보존되지 않고, 상업적인 목적에 의해 의도적으로 깨져서 조각조각 거래될 수가……응? 그래도 보석이 되고 싶다고? 그렇다면 이야기를 계속 이어가 보자.

유백색 빛을 당신에게

앞에서 소개한 것은 암모나이트, 그러니까 무척추동물의 껍데기가 보석이 된 경우다. 그렇다면 우리 같은 척추동물은 보석이 될 수 없을까?

결론부터 말하면 방법은 있다. 오스트레일리아의 사우스오스트레일리아주에서 오팔opal, 단백석화 된 백악기 해양파충류 화석이 역시 오팔화된 이매패류 화석과 함께 발견되었던 것이다.

원래 오팔은 대부분 유백색에 유리 형태의 광택을 띠는 광물이자 보석이다. 특징 중 하나로 내부에 5~10퍼센트의 수분을 포함하고 있다. 그래서 물기가 사라지면 쩍 갈라져버린다. 대부분의 오팔은 특별한 광택이 없지만, 극히 드물게 아름다운 무지개 빛깔로 유색 효과play of color, 오팔에서 나타나는 특징으로 빛의 회절에 따라 일어나는 색변화. - 옮긴이가 나타나는 것이 있다. 그 오팔은 특별히 '프레셔스 오팔precious opal, 귀단백석'이라고 부르며, 보석으로서의 가치가 높다. 세계에 유통되는 프레셔스 오팔은 대부분 사우스오스트레일리아주산이라고 한다. 그리고 그 땅에서 발견되는 화석 중에도 프레셔스 오팔이 된 것이 있다.

대표적인 것은 조개(이매패)류 화석[03]이다. 살았을 때의 모습을 그대로 유지했으면서도 표면이 전체적으로 유백색을 띠며, 보는 각도에 따라 유색 효과가 나타난다. 그것 이외에도 수장룡[04]과 어룡 등 공룡시대의 뼈와 이빨이 프레셔스 오팔로 남아 있다. 그중에는 크기가 822.5캐럿에 달하는 척추뼈[05]도 있다.

이렇게 화려한 화석이 되고 싶다! 그렇게 생각하는 사람도 있을 것이다. 하긴 탄산칼슘이라는 성분이 있어야 될 수 있는 암몰라이트보다 실제 사례가 있는 오팔처럼 보석화가 되는 것이 척추동물에게는 더 현실적일지도 모른다.

척추동물의 뼈 화석이 어떤 식으로 오팔화되는지에 대해서는 2008년에 사우스오스트레일리아 박물관의 벤자마스 퓨클리앙Benjamath Pewkliang 팀이 연구 결과를 발표했다. 퓨클리앙 팀의 연구에 의하면 뼈 화석의 경우 주위 지층에서 오팔 성분이 포함된 액체가 뼛속의 작고 무수한 공간으로 흘러들어와 굳음으로써 '오팔화된 뼈 화석'이 탄생되었다고 한다. 뼈 자체가 오팔로 변한 것이 아닌 셈이다. 참고로 뼈의 원래 부분이 녹아 사

03

오팔화 된 이매패류 화석

따뜻한 계열의 색깔과 차가운 계열의 색깔이 섞여서 아름답게 빛나는 이매패류 화석. 오스트레일리아산. 표본의 긴지름 32밀리미터. 뮤지엄파크 이바라기현 자연박물관 소장 표본.

사진: Office GeoPalaeont

04

오팔화 된 수장룡의 이빨

파란색과 초록색 광택이 아름다운 수장룡 이빨 화석. 오스트레일리아산. 표본 길이 35밀리미터. 뮤지엄파크 이바라기현 자연박물관 소장 표본.

사진: Office GeoPalaeont

05
오팔화 된 수장룡의 척추뼈

이빨뿐만이 아니다. 등뼈 (척추뼈)도 오팔화된다. 어떤가? 우리 몸으로도 실현할 수 있을 것 같지 않은가?

사진: 2008 The Field Museum. GEO86518_3026Cd specimen no. H443

라지면서 오팔 부분만 남은 경우도 많다고 한다.

조개껍데기가 '오팔화'된 화석도 사실 껍데기 자체는 남아 있지 않다. 조개껍데기는 녹아서 지층 속으로 사라지고, 그곳에 생긴 빈 공간에 오팔 성분이 포함된 액체가 흘러들어가 굳는다.

프레셔스 오팔은 아니지만 '오팔화'된 조개 화석[06]은 일본에서도 찾을 수 있다. 기후현岐阜県 미즈나미시瑞浪市에서 발견된 것으로 '츠키노오사가리月のお下がり, '달님의 선물'이라는 뜻. - 옮긴이'라고 부른다. 비카리아Vicaria라는 복족류(갯고둥) 속에 오팔 성분이 들어찼고 나중에 껍데기가 없어지면서 오팔만 남은 것이다.

오팔화를 목표로 한다면 우선 오팔 성분이 뼛속으로 들어

올 수 있는 환경을 찾아야 할 것이다. 전 세계의 많은 오팔 산출지의 공통점은 화산 근처라는 것이다. 다만 사우스오스트레일리아주의 산지는 무슨 영문인지 몰라도 화산 활동과는 거리가 멀다. 자세한 것은 아직 밝혀지지 않았지만, 프레셔스 오팔 생성에는 그 땅에 분포하는 어떤 종류의 특정한 광물이 관련있을 것이라고 추측한다.

혹시라도 프레셔스 오팔을 꼭 고집한다면 그 산지까지 가서 특별한 광물이 있는 지층 속에 묻히는 편이 나을 것이다. 수천만 년에서 1억 년 정도 지나면 여러분 혹은 여러분이 화석으로 남기고 싶은 것의 형태를 띤 오팔이 완성될지도 모르니까 말이다. 다만 대형 척추동물의 경우는 '전체 중에 아주 일부분'만

06
고둥 속의 오팔
미즈나미시산 비카리아 화석(왼쪽)은 속이 점점 오팔(오른쪽)화되어 '달님의 선물'이라는 운치 있는 이름을 얻었다. 참고로 여기서 물려주신 것이란 '대변'을 가리킨다.
사진: 미즈나미시 화석 박물관

143

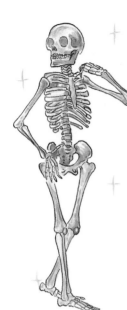

척추동물 화석의 예가 발견된다는 점에서 오팔화는 현실적인 방법이라고 할 수 있을지도 모른다. 다만 '전신이 통째로' 발견된 예는 아직 하나도 없다는 것에 주의하자.

오팔화된 사례는 있어도 '전신이' 통째로 남은 사례는 아직 찾지 못했다는 사실을 미리 알려둔다. 여러분이 성공한다면 최초의 사례가 되지 않을까.

아끼던 나무를 남기다

지금까지 우리는 동물 화석에 주목해서 알아보았다. 그런데 물론 식물을 화석으로 남기고 싶은 사람도 있을 것이다. 몇 년이나 정성들여 가꾼 분재, 인생의 쓴맛을 보던 시기에 위안이 되어준 관엽식물, 학창시절에 만든 여러 가지 목공예품, 반평생을 함께해 온 책상, 어린 시절의 성장 기록이 남아 있는 나무기둥 등 식물도 우리의 사랑과 함께 있다.

우선 일반적인 이야기로 나무에는 뼈와 이빨, 껍데기 등 경조직이 없기 때문에 동물보다 화석으로 남기 어렵다. 전 세계의 지층에서 나무 화석이 산출되는 것은 다양한 '특수 사정' 그리고 무엇보다도 개체수가 압도적으로 많기 때문이다.

만약에 여러분이 자신에게 특별한 식물이나 목공예품을 화석으로 남기고 싶다면 단순히 땅에 묻기만 해서는 안 된다. 대부분은 신속하게 분해되고 말 테니까.

그럼 어떻게 해야 좋을까? 식물 줄기의 경우는 이상적인 방법이 있다. 이것도 오팔화하는 것이다. 앞에서 소개한 뼈와 조개껍데기 예에서는 '진짜는 상실해도 같은 형태의 오팔이 생긴다'고 했는데, 식물 줄기는 식물이 그대로 오팔이 되는 것이다. 광물화한 줄기 화석, 이른바 규화목[07]의 일종이다. 세포 수준으로 형태가 남아 있고, 그 단면을 조사하면 조직 구조도 잘 알 수 있어 학술적으로도 무척 귀중한 화석이다.

도야마시 문화센터의 아카하네 히사타다와 시마네島根 대학

식물 화석 하면 규화목이다. 사진은 14쪽에도 실었던 티에티아(Tietea)라는 식물의 규화목 단면. 세포를 분명하게 확인할 수 있다. 참고로 돌처럼 단단하다.

사진: Office GeoPalaeont

나무가 작은 경우 어떤 특정 온천에 담가두면 수십 년 만에 규화목이 될지도 모른다. 일러스트는 아카하네, 요시노(1993)를 참고로 그렸다.

의 요시노 다케시가 1993년에 정리한 논문에 따르면 식물 줄기의 오팔화는 식물 주위 지층에 포함된 규소 성분이 녹으면서 시작된다. 그 규소가 식물 줄기의 세포 속과 세포벽을 채우면서 조금씩 세포 성분을 규소 주체로 바꿔간다. 그 결과 나무 전체가 오팔화되는 것이다.

이 논문에서는 도야마현에 있는 어느 온천에 쓰러져 잠긴 나무가 오팔화 과정에 있다고 주장하고, 그 나무 한 그루의 10~40퍼센트가 오팔화되는 데에 사십여 년밖에 들지 않는다는 사실을 밝혔다. 쓰러진 나무 하나가 완전히 규화목이 되는 데 길어도 수백 년 정도밖에 걸리지 않는다면 꽤 '빠른 속도'가 아닌가.

전 세계 모든 규화목 산지가 이 온천과 같은 환경에 있는 것은 아니므로 규화목의 형성에 대해 도야마현의 예를 일반화하면 안 될 것이다. 하지만 아끼는 식물을 화석으로 만들고 싶은 여러분에게 큰 힌트가 될 것은 틀림없다.

빛나는 황금 속에서

암몰라이트와 같은 유색이나 오팔과 같은 유백석으로 반짝이는 것도 좋지만, 그래도 역시 금이 최고지!

이렇게 황금을 좋아하는 분에게 희소식이 있다. 세상에는 그야말로 전신을 금색으로 감싼 화석도 있다. 경조직도 금, 연조직도 금. 금, 금, 금색이다.

황금색 표본으로 유명한 것은 미국 뉴욕 주의 화석 산지 '비처의 삼엽충 지층Beecher's Trilobite Bed'에서 산출된 삼엽충 트리아르트루스*Triarthrus*[08] 화석이다. 일반적으로 삼엽충은 껍데기 부분만 화석으로 남는다. 그런데 비처의 삼엽충 지층에서 발견된 트리아르트루스는 껍데기뿐 아니라 연조직으로 된 더듬이와 다리(부속지) 그리고 그 부속지에 달린 아가미까지 남아 있었다. 2016년에는 몸속에 알이 남아 있는 표본[09]도 확인되었다. 그리고 그 모든 것이 금색으로 빛났다.

물론 이 금색은 광물로서의 금Gold이 아니다. '황철석'이라는 황화철 결정이다.

삼엽충의 황철석pyrite화에 관해서는 영국 국립자연사박물관의 리처드 포티Richard Fortey의 『삼엽충』(뿌리와이파리)에 자세히 나와 있다. 여기서는 위의 책을 참고로 해서, 본 책의 감수를 맡은 규슈九州 대학의 마에다 하루요시 씨를 취재한 결과를 더해 그 메커니즘의 가설을 간단히 설명해 보겠다.

비처의 삼엽충 지층에서 지층이 퇴적된 당시에는 해저 부근에 산소는 없지만 철과 황산이온은 아주 많았을 것이라 한다.

보통 산소가 없으면 사체를 분해하는 미생물도 일하지 않는다. 그런 환경이기에 화석이 잘 보존될 수 있었다는 사실은 졸른호펜의 사례 등을 들어가며 앞에서 소개했다(106쪽~ 참조). 그런데 비처의 삼엽충 지층과 같은 퇴적 환경에서 활발히 활동하는 세균도 있다. 이 '혐기성 세균'은 황산이온으로부터 전자(화학식으로 쓰면 산소 원자)를 빼낸다. 이때 남은 유황이 반응해 황화수소가 생긴다. 그 황화수소와 물속에 녹아 있던 철이 반응하면서 황철석이 생성된다.

결과적으로 사체는 혐기성 세균에 의해 분해되며 황철석으로 바뀌거나 혹은 황철석에 뒤덮인 것으로 짐작된다. 이윽고 황철석이 사체를 전부 덮으면 혐기성 세균은 더 이상 분해할 수 없게 되고, 이렇게 해서 화석이 보존되었다는 것이다.

물론 비처의 삼엽충 지층에서 발견한 모든 트리아르트루스가 아가미까지 남아 있는 것은 아니다. 껍데기만 황철석화되었거나 다리 일부만 황철석화되었다는 둥 '불완전한 것'이 압도적으로 많다. '전신을 화석으로 남긴다'는 의미에서는 황철석화 역시 완전한 방법이 아닌 셈이다.

찬물을 끼얹은 것 같아 미안하지만, 참고로 황철석은 금과 흡사한 빛깔을 내뿜지만 금처럼 희소하지는 않다. 속칭 바보의 황금 Fool's gold[10]이라고 할 정도다.

그래도 '나는 금색이 좋아!' 하는 사람은 혐기성 세균이 좋아할 만한 무산소 혹은 산소가 극히 희박한 환경에서 황산이온을 충분히 포함한 진흙 속에 묻히거나 또는 임의의 물건을 묻으면 될지도 모른다. 다만 연조직이 불완전하게 남을 가능성이 있다는 걸 잘 이해하고 도전하기 바란다.

또 하나, 중요한 점이 있다. 황철석화한 화석은 발굴 후 관리에 꽤 신경을 써야 한다는 것이다. 황철석을 만드는 황화철은

08 더듬이 , 다리 , 아가미가 황금색으로
위 그림은 황철석화한 삼엽충 트리아르트루스(Triarthrus). 원래는 화석으로 남지 않을 연조직도 잘 남아 있다.
사진: Office GeoPalaeont

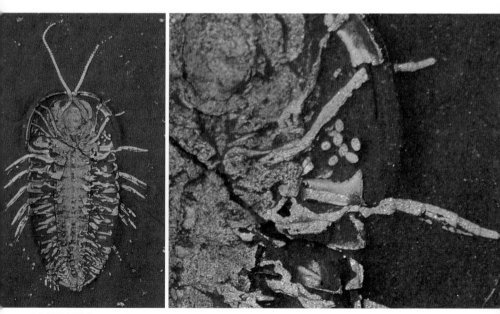

09 알도 남았다
왼쪽은 황철석화한 트리아르트루스의 다른 표본. 배 쪽. 머리 근처를 확대하니(오른쪽) 작은 알이 확인된다.
사진: Thomas A. Hegna

공기 중의 물과 산소와 반응하기 쉽다. 그래서 변색되기 쉬운 데다 부서지기도 쉽다. 장기 보존이라는 부분에서 약점이 있는 셈이다. 만약 황철석화를 원한다면 적어도 보관할 용기에 제습제와 산화 방지제를 넣어달라고 후세 사람들에게 전달하는 편이 좋겠다.

10
차이를 알겠는가?

왼쪽은 황철석 결정, 오른쪽은 금 결정이다. 이렇게 나란히 놓고 보니 차이가 명확하지 않은가?

사진: (왼쪽) Visuals Unlimited/ amanaimages (오른쪽) SCIENCE PHOTO LIBRARY/ amanaimages

황철석은 수분과 산소에 약하다. 보관할 때는 세심한 주의가 필요하다. '물 먹는 하마'라도 좋으니 케이스에 넣어달라고 꼭 전언을 남기자.

타르 편

흑색의 아름다움

검치호랑이

인산칼슘을 주성분으로 하는 척추동물의 뼈는 기본적으로 '흰색'이다. 이 흰색은 화석이 되는 과정에서 여러 가지 색깔로 바뀐다. 만약 화석이 되었을 때의 '색깔'까지 중요하게 여긴다면 좋아하는 색깔의 화석이 생성되는 과정에 대해 알아두면 좋을 것이다.

이번 장에서 추천하는 색깔은 아름다운 '흑색'이다. 미국 로스앤젤레스산 검치호랑이 화석[01]이 대표적이다.

'검치호랑이'는 송곳니가 긴 고양잇과를 부르는 이름으로 구체적인 종명과 그룹명을 가리키는 것은 아니다. 영어로는 'Saber cat' 또는 'Saber toothed cat'이라고 많이 표기하며, 일본 국립 과학박물관의 도미다 유키미츠 씨 등이 펴낸 『신판 멸종 포유류 도감 新版 絶滅哺乳類図鑑』에 보면 '검치고양이류'라고 표기하고 있다. 이 책에서는 일반적으로 쓰는 '호랑이'라는 의미를 존중해 '검치호랑이'로 표기한다.

여러 종이 있는 검치호랑이 중에서 가장 유명한 것은 스밀로돈 파탈리스 smilodon fatalis일 것이다. 머리와 몸통의 길이가 1.7미터, 어깨까지의 높이가 1미터에 달하는 대형 고양이류로 캘리포니아주의 '주 대표 화석'으로도 유명하다. 검치호랑이의 대명사로 여겨지며, 길고 예리한 송곳니가 특징이다. 2015년에 발표된 미국 클렘슨 대학의 알렉산더 위소키 M. Aleksander Wysocki

연구팀에 따르면 이 송곳니가 한 달에 약 6밀리미터씩 자랐다고 한다. 일 년이면 7.2센티미터, 3년이면 20센티미터나 자란 셈이다.

이 긴 송곳니가 어디에 도움이 되었는지는 더 논의해 봐야 한다. 위에서 말했듯이 예리하지만 두껍지는 않아서 가로 방향으로의 강도가 낮다. 그래서 기본적으로는 '상대의 목숨을 끊

스밀로돈의 송곳니는 사냥
감을 공격하는 '일반적인
무기'가 아니라 마지막으로
숨통을 끊을 때에만 쓰이
는 것으로 짐작된다.

O 마무리용

X 공격용

는 마지막 일격'에 썼던 것으로 짐작하며, 상대를 공격할 때 주
요 '무기'는 아니었다는 견해가 유력하다.

이야기를 다시 되돌리자. 로스앤젤레스에 있는 란초 라 브레
아Lancho la brea에서 발견된 검치호랑이 스밀로돈 파탈리스 화석
은 아주 멋진 흑색을 띠고 있다. 연한 흑색이 아니라 진한 갈색
을 띤 흑단 같은 흑색으로 꽤나 보는 맛이 있다.

란초 라 브레아에서는 그 밖에도 아메리카 사자Panthera atrox,
다이어울프Canis dirus, 콜럼비안 매머드Mammuthus columbi, 마스토
돈Mammut americanum 등 다양한 포유류 화석이 발견되었는데, 어
느 하나 할 것 없이 모두 흑단처럼 아름다운 색을 띠고 있다.
'흑색을 좋아하고, 이런 화석이 되고 싶다거나 혹은 남기고 싶
다는' 독자도 많을 것이다. 이번 장은 그런 여러분에게 적합한
내용이다.

미라 도굴꾼을 부르는 미라

스밀로돈과 같은 '흑색화'는 지금까지 소개한 방법에 비하
면 쉽게 접근할 수 있을지도 모른다. 어쨌든 척추동물의 실제

예가 있고, 발견된 표본 수가 100만 개를 넘으니 굉장하다.

란초 라 브레아에서 발견된 화석은 약 3만 8000~3만 9000년 전의 것이다. 라 브레아 타르 피츠La Brea Tar Pits 박물관의 홈페이지에 실린 내용에 따르면 지금까지 식물 159종, 무척추동물 234종 그리고 231종 이상의 척추동물 화석이 확인되었다고 한다. 이 풍부한 실적이야말로 란초 라 브레아의 '흑색화'된 화석이 내세우는 최대 강점이다.

다만 란초 라 브레아의 화석군에는 기이한 점도 있다. 보통 이런 대규모 화석군은 그 지역의 생태계를 거의 재현하다시피 한다. 즉 척추동물 중에 수가 가장 많은 것은 초식동물이고 이어서 소형 육식동물이 많으며 생태계에 군림하는 대형 육식동물은 수가 가장 적은 법이다. 이른바 생태 피라미드다.

하지만 박물관 홈페이지와 『화석 생태계의 진화』에 따르면 란초 라 브레아산 포유류 화석의 90퍼센트는 포식자가 점하고 있다고 한다. 초식동물인 비손 안티쿠스Bison antiquus 화석은 300개가 조금 넘는 반면 스밀로돈 파탈리스 화석은 2000개 이상이나 발견되었다. 생태 피라미드의 가장 꼭대기에 있을 법한 동물이 피라미드 아래에 있는 동물보다 약 7배나 많은 것

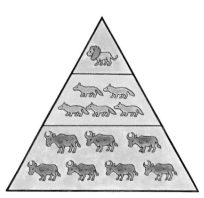

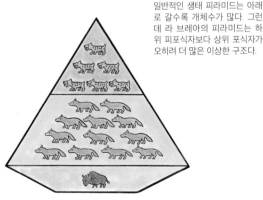

일반적인 생태 피라미드는 아래로 갈수록 개체수가 많다. 그런데 라 브레아의 피라미드는 하위 피포식자보다 상위 포식자가 오히려 더 많은 이상한 구조다.

일반적인 생태 피라미드 **라 브레아의 생태 피라미드**

은 이상하다고 할 수밖에 없다. 조류 화석 역시 약 70퍼센트는 맹금류와 같은 포식자였다고 한다. 란초 라 브레아의 화석군에서는 일반적인 생태 피라미드가 성립하지 않는 것이다.

물론 이것이 당시 생태계를 그대로 반영한 것은 아닐 것이다. 그렇다면 왜 포식자의 화석만 발견된 것일까?

육식동물이 초식동물보다 화석으로 남기 쉬운……것은 물론 아니다. 사실은 란초 라 브레아의 특수한 사정과 관련 있다. 앞에서 언급한 '흑색'과도 밀접한 관련이 있는 이야기다.

란초 라 브레아라는 화석 산지는 다른 화석 산지처럼 석회암 등 '암석 지층'으로 구성되어 있는 곳이 아니다. 애당초 '란초 라 브레아'라는 이름은 스페인어로 '타르 목장'을 의미한다. '타르'란 기름 상태의 액체를 가리킨다. 란초 라 브레아를 구성하는 타르[02]는 점성이 있는 '아스팔트'다. 앞에서 다루었던 화석의 흑색은 이 아스팔트가 스며들어 생긴 것이다.

02
흑색의 '근원'
란초 라 브레아의 타르.
뮤지엄파크 이바라기현
자연박물관 소장 표본.
사진: 야스토모 야스히로/
Office GeoPalaeont

아스팔트가 가득 고인 곳에 발이 빠지면 몸을 움직일 수 없게 된다. 깊이가 깊다면 발버둥칠수록 아래로 더 가라앉는다. 마치 바닥없는 늪처럼 말이다.

포식자의 입장에서 움직임이 자유롭지 못한 동물은 사냥하기에 딱 좋은 표적이다. 그게 설령 동족이라 하더라도 말이다. 그래서 이게 웬 떡이냐며 다가갔다가 자신도 아스팔트에 몸이 붙잡혀 움직일 수 없게 되고 만다.

이러한 상황이 반복되는 것이다. 미라 도굴꾼까지 미라가 되

아스팔트에 빠진 동물이 육식동물을 불러들인다. 하지만 그 육식동물도 아스팔트에 빠지고, 또 다른 육식동물을 불러들인다. 그리고 새로 찾아온 육식동물도…… '미라 도굴꾼까지 미라가 되고 마는' 같은 상황이다.

고 마는 것처럼 란초 라 브레아에서는 포식자의 사체만 계속 쌓여서 화석이 되어간다. '이상한 생태 피라미드'는 이렇게 해서 완성된 것으로 짐작한다.

이 점은 고려해야 할 부분이리라. 여러분이 흑색을 띠는 화석으로 남고 싶거나 또는 그러한 화석을 남기고 싶다면 란초 라 브레아와 같이 아스팔트 연못에 빠지거나 빠트리면 된다. 다만 그때는 '다른 동물이 휘말리지 않도록' 조심해야 한다. 여러분 또는 여러분이 화석으로 남기고 싶은 것을 노리고 포식자들이 접근하지 않으리라는 법은 없다. 미라 도굴꾼을 늘리는 상황을 피해, 완전히 폐쇄된 공간이 필요하다.

콜라겐이 남다

란초 라 브레아에 관해서는 『화석 생태계의 진화』에 잘 정리되어 있다. 이어서 위 책을 참고삼아 정보를 정리해 보자.

이 땅에 쌓인 아스팔트는 동물들의 사체를 아주 좋은 상태로 보존하는 데 크게 일조했다. 『화석 생태계의 진화』의 표현을 빌리자면 '뼈와 이빨은 석유가 스며들어 갈색 내지는 흑색으로 변한 것을 제외하고는 대부분 원래 상태로 보존되어 있다'고 한다. 여기서 말하는 '석유'란 아스팔트를 가리킨다.

척추동물의 뼈는 주로 콜라겐과 인회석으로 구성되는데 콜라겐은 뼈의 탄력성, 인회석은 뼈의 단단함과 관련 있다. 죽은 후 콜라겐은 없어지기 쉽지만 란초 라 브레아의 화석에서는 원래 상태의 80퍼센트나 되는 콜라겐이 남아 있으니 너무나 놀라운 일이다. 요컨대 검게 되었을 뿐, 뼈만 보면 '불과 며칠 전에 죽은 것 같은 상태'인 것이다.

그 밖에도 뼈의 표면에 신경과 혈관의 흔적이 남아 있고, 힘

줄과 인대가 붙은 위치도 확인된다고 한다. 또 두개 골 안까지 아스팔트가 들어차 보호제 역할을 해서 중이middle ear의 뼈 등이 남은 경우도 있다.

내장과 피부 등 연조직을 남기지 않아도 상관없 다면 란초 라 브레아의 '아스팔트에 빠지는' 방법은 역시 추천할 만하다. 이미 말했듯이 '실적'도 충분 해서, 스밀로돈을 비롯하여 많은 대형 척추동물 화 석이 무척 양호한 상태로 발견되고 있다. 하나뿐이 지만 인골이 발견된 사례도 있다.

인공물도 있는데 조개껍데기로 된 장식품, 골제 품, 목제로 된 머리 핀 등이 발견되었다고 한다. 이 런 상황을 생각하면 예컨대 안경을 쓴 채로 화석이 되는 것도 가능할지 모른다.

한 가지 걱정되는 부분이라면 란초 라 브레아 지 역의 석유 물질이 지금도 계속 증발하고 있다는 사 실이다. 아스팔트가 조금씩 줄어들고 있는 것이다. 수만 년 단위라면 모르겠지만 수십만, 수백만, 혹 은 그 이상의 기간에 걸쳐 화석이 보존될 수 있을 지 알 수 없다. 화석이 된 후 비교적 '빨리' 발견된 다면 괜찮겠지만, 후세 인류의 다음에 등장하는 지 적 생명체가 발견하길 바란다면 위험한 도박일 수 있다.

무척 양호한 보존 상태를 자랑하며, 또 대형 척추 동물의 사례도 충분하다. 149쪽의 스밀로돈처럼 검 고 아름다운 화석이 되고 싶다면 라 브레아 방식을 추천한다.

입체 편

살아생전의 모습 그대로

"방금 낚았어요"

화석에 관심이 있는 사람 중에는 '물고기 화석' 마니아도 많지 않을까? 만약 여러분의 취미가 낚시이고, 물고기를 잡은 기념으로 어탁을 뜨거나 수고를 들여 박제도 한다면, '화석으로 만드는' 선택지도 꼭 고려해 봤으면 한다.

물고기 화석 중에 유명한 것으로는 미국 그린리버Green River 산[01] 화석이 있다. 셰일 편(120쪽)에서 소개한 독일의 그루베 메셀산 물고기 화석을 본 기억이 있는 사람은 꽤 공감할 것이다.

흔히 볼 수 있는 물고기 화석에는 공통된 특징이 있다. 기본적으로 편평하다는 점이다. 그루베 메셀산 물고기 화석 등은 비늘 하나하나까지 보존되어 있을 만큼 질이 좋지만 납작하다.

물고기 화석이 편평한 이유는 간단하다. 육상동물과 달리 그들은 갈비뼈가 단단하지 않다. 약한 골격은 압력을 이기지 못하고 아무리 상태가 좋은 것도 마치 모암 위에 프린트된 것처럼 납작하게 보존되어 있다.

"아니, 난 이왕이면 낚았을 때 모습 그대로 화석으로 만들고 싶어." 그런 분에게 좋은 소식이 있다.

물고기 화석은 납작하다는 '상식'을 뒤집는 화석이 다수 발견된 산지가 브라질에 있다. 브라질리아에서 북동쪽으로 약 1260킬로미터 떨어진 거리에 있는 아라리페Ahraripe 대지다. 일본 이와테현岩手県과 비슷한 면적인 이 광대한 토지에는 '산타나

01
'일반적인' 물고기 화석

그린리버산 크니그티아 (Knightia). 표본 길이 11 센티미터. 세세한 부분까지 잘 보존되어 있지만 납작하다.

사진: Office GeoPalaeont

Santana 층'이라는 백악기 전기의 지층이 분포하고 있다. 이 산타나층에서 세계적으로 희귀한 '입체 물고기 화석'이 나왔다.

산타나층 화석이라고 하면 도쿄 조사이城西 대학에 있는 미즈타水田 기념 박물관 오이시大石 화석 갤러리가 유명하다. 관심 있는 사람은 직접 찾아가 보길 추천한다. 가까운 역은 도쿄 메트로 유라쿠초선 고지마치역, 난보쿠선/한조몬선이 지나는 나가타초역, 한조몬선의 한조몬역. 어느 경로를 택하든 도보 5분이면 도착한다. 주위에는 아파트가 늘어서 있고, 비즈니스 거리와 주택가가 혼재한 지역이어서 "설마 여기에?" 하는 생각이 들 수 있다.

이 책을 쓰면서 나는 특별 허가를 얻어 오이시 화석 갤러리의 표본들을 촬영할 수 있었다. 그 몇 가지를 소개해 보겠다.

우선 지금의 청어와 비슷한 라콜레피스Rhacolepis[02]가 있다. 표본 길이 42.7센티미터로, 머리에서 꼬리 끝까지 아주 입체적으로 보존되어 있다. 비늘과 지느러미 등도 잘 남아 있어서 꼭 "방금 낚았어요." 하고 말하는 것처럼 질 좋은 표본이다. 배 쪽부터 발굴되었기 때문에 아래턱이 어떻게 생겼는지 자세히

02
압도적인 입체감!
산타나층산 라콜레피스.
앞 페이지의 크니그티아
와 비교해서 보기 바란다.

사진: 오이시 컬렉션--전시:
조사이 대학 오이시 화석
갤러리/야스토모 야스히로/
Office GeoPalaeont

관찰할 수 있다.

라콜레피스 얘기가 나왔으면 길이가 25센티미터인 작은 표본[03]도 빼놓을 수 없다. 이 표본은 지느러미가 남아 있지 않다. 그 대신 복부 표면의 일부가 갈라져 있어서 내부를 관찰할 수 있다. 그곳에는 방해석 결정이 들어 있다. 아무리 겉으로 보기에 "방금 낚았어요" 하는 수준으로 잘 보존되어 있더라도 이

표본이 분명히 화석이라는 사실을 잘 알 수 있다.

아미아과*Amiidae*에 속한다고 보는 칼라모플레우루스 *Calamopleurus*[04] 표본도 보존 상태가 좋다. 이 표본은 몸은 다소 마르고 가늘지만 머리 부분은 분명하게 대략적인 형태를 확인할 수 있다. 몸이 가는 만큼 머리의 너비가 더 강조되어 그 불균형이 무척 재미있다. 또 칼라모플레우루스는 길이 105센

03

뱃속에……

산타나층산 라콜레피스. 배 쪽에 뚫린 구멍
을 통해 안에 든 방해석을 확인할 수 있다.
전체적으로 아무리 생생하더라도 역시 화석
임을 알 수 있다.

사진: 오이시 컬렉션--전시: 조사이 대학
오이시 화석 갤러리/야스토모 야스히로/Office
GeoPalaeont

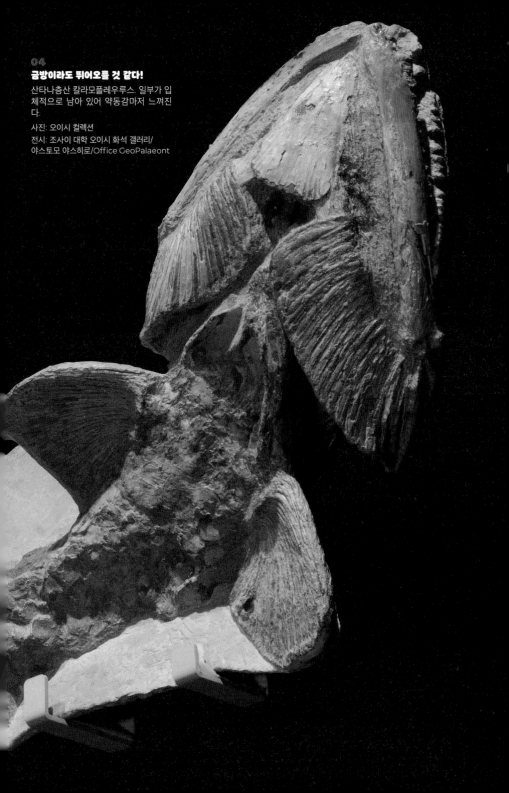

05
비늘이 빽빽
산타나층산 칼라모플레우루스. 입체감은 약하지만 이 비늘 보존 상태는 …… 정말 훌륭하다!
사진: 오이시 컬렉션--전시: 조사이 대학 오이시 화석 갤러리/야스토모 야스히로/Office GeoPalaeont

티미터인 큰 표본[05]도 꼭 봐야 한다. 몸은 망가졌지만, 비늘이 아주 선명하게 남아 있고 척추의 모습도 어렴풋이 확인할 수 있다.

메두사 효과

왜 산타나층산 물고기 화석은 이처럼 입체적으로 남을 수 있었을까? 그 메커니즘은 영국 개방대학The Open University의 데이비드 마틸David M. Martill이 1980년대 말에 주장하고, 폴 셀던과 존 너즈가 『화석 생태계의 진화』에 잘 정리해 놓았다.

입체적으로 보존되는 과정은 2단계로 나뉜다. 1단계는 물고기 본래의 성분이 바뀌어서 화석이 되는 것인데, 이 과정은 급

속도로 진행되는 모양이다. 산타나층산의 물고기 화석은 연조직의 세세한 부분까지 인산칼슘으로 바뀌어 있었다. 인산칼슘은 척추동물의 경우 뼈, 즉 경조직의 주성분인데, 연조직까지도 인산칼슘이라니 놀라운 일이다.

연조직은 일반적인 경우라면 사후 5시간 이내에 박테리아에 의해 분해된다. 그러한 사정을 볼 때, 물고기 화석의 인산칼슘 변화(인산염화)는 부위에 따른 차이는 컸지만 가장 빠른 경우 사후 1시간 이내에 시작된 것으로 보고 있다. 1시간 이내라니! 슬픔에 잠길 새도 없이 말이다.

이렇게 단시간에 화석이 되는 현상을 '메두사 효과'라고 한다. 메두사란 머리카락이 뱀으로 된 그리스 신화 속 괴물로, 자신의 모습을 본 자를 돌로 만들어 버린다는 이다.

과연 어떤 환경에서 메두사 효과가 일어난 것일까?

산타나층이 퇴적된 수역에 대해서는 풀리지 않은 수수께끼가 많은데, 먼 바다였는지 아니면 먼 바다와는 격리된 내해였는지도 아직 결론이 나오지 않았다. 하지만 먼 바다라면 함께 발견되었어야 할 화석이 산타나층에서 발견되지 않았다. 이를테면 암모나이트. 산타나층은 백악기 전기 지층으로 껍데기 화석은 남기 쉬우므로 환경이 '먼 바다'일 경우 발견되어야 할 터. 또 악어나 거북 등 육지와 가까운 곳에서 서식하는 파충류 화석은 발견되는 반면, 어룡류 등 먼 바다의 해양 파충류 화석은 아직 발견되지 않았다.

이렇게 보면 산타나층이 퇴적된 수역은 먼 바다는 아닐 것 같다는 생각이 든다. 하지만 그리 단순하게 판단할 수 있는 문제가 아니다. 왜냐하면 산타나층에서 발굴된 물고기 화석은 먼 바다에서 살았던 것으로 보이는 종이 많기 때문이다. 그래서 이곳은 원래 얕은 만이고 먼 바다와는 기본적으로 격리되어 있었으나 이따금, 예를 들면 해수면이 상승했다거나 하면서 먼 바다와 이어지지 않았겠느냐는 의견이 있다. 다만 이 견해로는 암모나이트 화석이 발견되지 않은 이유를 완전히 설명해

주지는 못하기에 아직 밝혀내야 할 부분이 많다.

어쨌든 이 해역의 바닥에는 염분이 많고 농도가 진한 유독성 물웅덩이(수괴)가 있는데, 그 수괴가 점점 커지면서 물고기들이 순식간에 죽어버린 것으로 보인다. 갑작스러운 떼죽음은 사체를 분해하는 박테리아를 활성화시키고, 그 결과 수괴 속 산소가 현저하게 부족해진다. 이러한 환경에서는 수괴의 성질이 산성으로 변하게 되어, 사체의 인산염화를 촉진시킨다. 이런 과정을 거쳐 메두사 효과가 시작되었던 것으로 짐작한다.

그런데 아무리 인산염화되었다 해도 나중에 쌓이는 지층의 무게를 이기지 못하고 망가져 버리는 경우도 많다. 그런데 산타나층산 물고기 화석은 결핵체라는 돌덩어리로 뒤덮여 있다 (결핵체에 대해서는 화산재 편 참조). 그 덕분에 몸이 입체적으로 보존될 수 있었던 것이다.

이러한 결핵체의 형성이 바로 보존 과정의 2단계에 해당한다. 그리고 커다란 수수께끼이기도 하다.

인산염화한 물고기 화석이 입체적으로 보존되려면 신속하게 결핵체가 되어야 한다. 그런데 결핵체의 주성분은 탄산칼슘이어서, 물고기 화석과는 다른 성분이다. 그리고 인산염화는 산성 환경에서 촉진되는 반면 탄산칼슘은 산성 환경에서는 물에 녹아 모이지 않는다. 생성 메커니즘이 상반되는 것이다.

즉, 물고기 화석을 감싼 탄산칼슘 결핵체가 가능하려면 물고기 화석 주위만이라도 산성이 약해져서는 안 된다. 마틸은 해저 부근이 특수한 환경이었을 가능성을 들었고, 『화석 생태계의 진화』에서는 인산염화가 일어난 후에 사체로부터 암모니아가 방출되었을 가능성을 들고 있다. 물에 녹은 암모니아는 알칼리성으로, 탄산칼슘화를 촉진하는 효과가 있다.

안타깝지만 이 방법은 독자 여러분이 도전하기엔 밝혀지지 않은 수수께끼가 너무 많아서 곤란할 것 같다. 앞에서 '낚은 물고기를 화석으로 만드는 선택지도 고려해 보라'고 했는데 ……미안하다.

그래도 도전해 보고 싶은 사람은 우선 인산염화가 촉진되도록 산성 환경에서 물고기를 묻어보면 좋을 것이다. 결과가 어떨지 오래 기다릴 필요는 없다. 몇 시간 안에 변화가 일어나는지 알 수 있는 것이 이 방법의 장점이니까. 산타나층산 화석의 메커니즘이 멋지게 밝혀져서, '낚은 물고기, 화석으로 만들어 드립니다.'라는 광고가 붙은 가게가 항구와 해안, 낚시터 근처에 있다면 손님이 넘쳐나지 않을까?

낚은 물고기를 그 자리에서 바로 화석으로. 시간이 없으신 분은 택배로 보내 드립니다. 이런 가게가 있으면 좋겠다!

미화석이 통째로 남다

현미경으로 관찰해야 하는 크기의 화석을 미화석이라고 하는데, 보통 입체적으로 보존되어 있다. 유공충, 방산충 같은 미화석은 탄산칼슘이나 이산화규소로 된 딱딱한 껍데기를 지녔는데 그 세밀한 구조까지 잘 남아 있다. 이러한 화석은 암석을 형성하는 입자와 같거나 혹은 그 이상으로 작은 것도 많아, 입자와 입자 사이에 파고 들어가 망가지지 않고 잘 보존된다. 유공충과 방산충 화석의 아름다움에 대해 논하는 것은 다음 기회로 돌리고, 여기서는 연조직이 남은 미화석에 주목해 보자.

기본적으로 입체 구조가 잘 보존된 미화석이라고 해도 연조직까지 남아 있는 경우는 극히 드물다. 이 책에서는 이미 한 가지 예로 헤리퍼드셔의 미화석을 몇 가지 소개했다(화산재 편 참조). 하지만 헤리퍼드셔의 미화석은 엄밀히 말해 '거푸집'이지 연조직 '본체'가 그대로 남은 것은 아니다. 이번 장에서 소개할 것은 연조직 자체가 분명하게 남은 화석군이다.

그 화석군은 스웨덴 내륙의 베네른Vanern 호수 근처에서 채집할 수 있다. 이를 '오르스텐(또는 오스텐) 동물군'이라고 하는데, 일반적으로는 남지 않는 눈, 지느러미, 다리 등이 보존되어 연구자들의 뜨거운 시선을 모으고 있다.

몇 가지 대표적인 종과 표본을 살펴보자.

무엇보다 캄브로파키코페*Cambropachycope*[06]를 꼭 소개하고 싶다. 총 길이 1.5밀리미터가 조금 넘는 절지동물로, 머리 끝부분에 거대한 겹눈이 하나만 달려 있다. 굉장히 강렬하고 압도적인 인상으로, 고생물의 새로운 팬층을 확보하는 데 큰 도움을 주리라고 나는 확신한다. 몸통은 새우와 비슷하게 생겼는데, 노처럼 생긴 커다란 부속지가 있어서 이 동물이 일정 이상

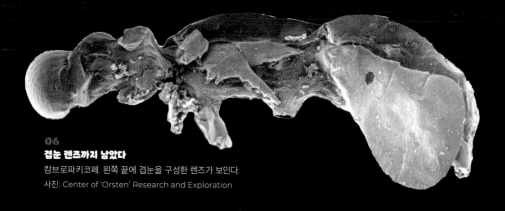

06
겹눈 렌즈까지 남았다
캄브로파키코페. 왼쪽 끝에 겹눈을 구성한 렌즈가 보인다.
사진: Center of 'Orsten' Research and Exploration

07
겹눈이 이어진 부분
고티카리스. 겹눈과 몸통이 이어진 부분에 '마라카스'가 남아 있다.
사진: Center of 'Orsten' Research and Exploration

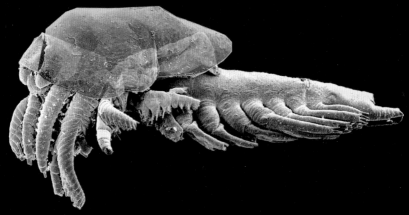

08
이세한 부위까지
브레도카리스. 탐스러운 다리도 남아 있다. 다만 이 사진은 세 개체의 부분 화석을 합성한 것이다.
사진: Center of 'Orsten' Research and Exploration

의 수영 실력을 가지고 있었을 가능성을 보여준다.

전체 길이가 2.7밀리미터인 고티카리스*Goticaris*[07]도 흥미롭다. 이것 역시 머리 끝에 거대한 겹눈이 있다. 특징은 겹눈과 몸통이 이어진 부분이다. 그곳에 마라카스처럼 생긴 구조가 양쪽에 하나씩 달려 있다. 이 '마라카스'는 빛의 명암만 느낄 수 있는 정중안正中眼이었던 것으로 보인다.

브레도카리스*Bredocaris*[08]도 있다. 발생 단계 후기의 것으로 보이는 이 화석은 전체 길이가 1.4밀리미터 정도 된다. 머리 부분은 껍데기로 감싸 보호하고 그 아래에 눈과 다수의 다리가 있다. 전차 같은 인상이다.

아그노스투스*Agnostus*[09]도 빼놓을 수 없다. 두 개의 껍데기를 가진 동물로 옛날에는 삼엽충으로 여겼다. 그런데 오르스텐산 화석을 보자 다리의 모양이, 예컨대 '비처의 삼엽충 지층' 등에서 확인할 수 있는 삼엽충과 너무 달랐다(146쪽 참조). 그래서 아그노스투스는 '삼엽충이 아니다'라는 견해가 있다. 다만 아그노스투스는 유생이어서 삼엽충의 특징이 나타나지 않았을 가능성도 있기 때문에 아직 결론은 나오지 않았다. 어쨌든 일반적으로는 화석으로 남기 힘든 탈피/부화 전 '유생'마저 이런 식으로 잘 보존되어 있다는 점은 너무나 놀랍다.

헤슬란도나*Hesslandona*[10]도 소개해 보겠다. 껍데기와 그 내부의 다양한 구조가 남아 있고 약간 오므라들었지만 눈도 확인된다. 머리를 사이에 두고 커다란 턱이 있는 그 안면이 꽤 귀엽지 않은가.

절지동물뿐만이 아니다. 예컨대 '선충'이라고 하는 동물 화석도 남아 있다. 세르골다나*Shergoldana*[11]다. 전체 길이 0.2밀리미터가 채 되지 않는 작은 동물이지만 아코디언처럼 생긴 미세 구조가 선명하게 남아 있다. 오르스텐 동물군에는 그 밖에도

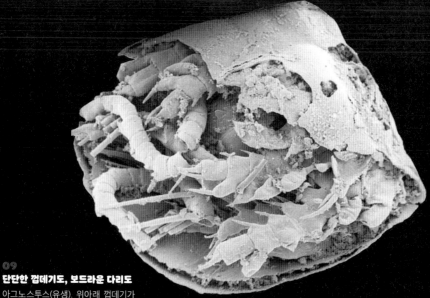

09
단단한 껍데기도, 보드라운 다리도

아그노스투스(유생). 위아래 껍데기가
있고, 가운데에 보이는 것은 탄산칼슘
으로 된 경조직이다. 게다가 더듬이와
다리도 확인된다.

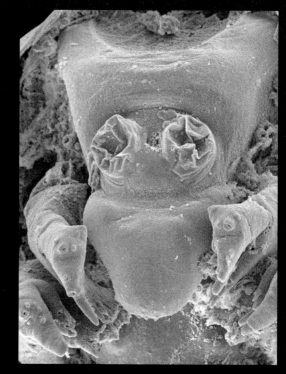

10
조금 오므라들었지만

헤슬란도나. 조금 오므라들긴 했지만 눈을
비롯해서 연조직이 잘 남아 있다.

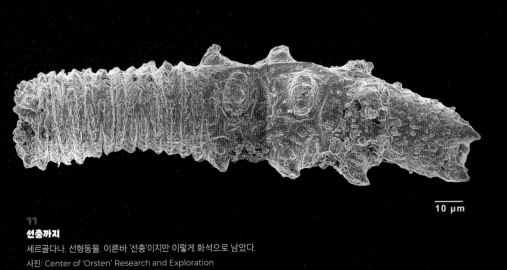

다양한 미소동물이 통째로 남아 있는데 표본이 너무 많아 일
일이 다 열거할 수가 없다.

포인트는 '오물 구덩이'

왜 오르스텐 동물군에서는 경조직과 연조직이 둘 다 화석
으로 잘 남았던 걸까?

1970년대에 오르스텐 동물군이 발견된 이후, 그 이유는 베
일에 싸여 있었다. 하지만 2011년, 이 책의 감수를 맡은 마에다
하루요시와 가나자와 대학의 다나카 겐고田中源吾 연구팀이 그
베일을 벗긴 연구를 발표했다. 마에다 팀은 오르스텐 동물군
의 화석이 두께가 3센티미터밖에 되지 않는 특정 지층에서 발
견된다고 밝혔다. 그리고 그 얕은 지층에 배설물 입자들이 집
중되어 있다[12]는 사실을 알아냈다. 오르스텐 동물군의 질 좋은
화석은 대량의 똥에 묻혀 보존되었던 것이다. 이 똥은 삼엽충
의 것으로 짐작된다.

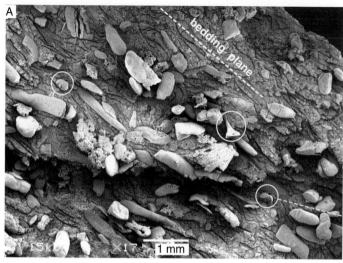
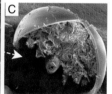

12
똥이 밀집된 것이 열쇠

왼쪽 전자 현미경 사진에서 타원 모양과 막대기 모양은 전부 똥이다. 이 똥 속에서 소형동물 화석(동그라미로 표시한 부분)이 확인되었다. 그 중 하나를 확대한 것이 오른쪽 사진. 껍데기를 반쯤 연 헤슬란도나가 묻혀 있다.

사진: 마에다 하루요시/
SEPM

마에다 연구팀은 이 대량의 똥이야말로 오르스텐 동물군의 화석들이 하나같이 질 좋은 이유라고 보았다. 똥 속에 있는 인산칼슘이 생물체를 코팅해서 연조직과 경조직을 모두 보존했다는 것이다. 인산칼슘은 척추동물 뼈의 주성분이기도 한데, 기본적으로 단단하고 미생물이 분해하기 어렵다. 이 인산칼슘이 가장 먼저 동물 사체를 뒤덮어서 연조직도 분해되지 않고 남을 수 있었다. 마에다 연구팀은 이 연구를 발표한 보도 자료에서, 이 보존을 '오물 구덩이 보존'이라고 칭했다. 배설물 입자들이 모인 오르스텐과 같은 지층은 전 세계 각지에 있다. 마에다는 그러한 지층을 조사하면 질 좋게 보존된 새로운 화석군을 발견할 가능성이 있다고 주장하고 있다.

이 책을 집필하면서 나는 '사람을 화석으로 보존하는 가장 좋은 방법은 무엇입니까?'라는 질문을 마에다에게 던졌다. 마에다의 대답은 바로 이 '오물 구덩이 보존'이었다. '인간으로서 「중요한 것」을 잃어도 괜찮다면 분뇨 구덩이에 몸을 던지는 것

'어른의 사정' 때문에 이 일러스트는 다소 산뜻한 느낌으로 그렸다. 이 방법을 고르는 경우에는 '인간의 존엄성'에 대해 어떻게 생각하는지가 핵심이다.

도 한 가지 방법'이라는 것이다. 지금은 옛날과 달리 재래식 화장실을 찾아보기가 좀처럼 어렵지만, 분뇨에 몸을 던져 인산칼슘에 코팅된다면 오르스텐 동물군에서 일어났던 일과 같은 현상을 기대해도 좋을 것이다. 연조직과 경조직이 전부 보존된다면 옷을 입은 채로, 전신이 그대로 화석이 되는 것도 꿈이 아닐지 모른다.

물론 사람 한 명을 코팅하는 데 필요한 분뇨의 양이 얼마일지 가늠할 수 없고, 마에다가 지적했듯 인간으로서 '중요한 것'을 잃을 각오가 없다면 실행에 옮기기란 불가능하다. 여러 가지로 골치가 아프다.

바윗덩어리 편

바위로 된 타임캡슐

화석을 보존하는 바윗덩어리

질 좋은 화석이 보존된 전형적인 예로 세계 각지의 지층에서 확인되는 것이 있다. 바로 '결핵체'다.

이 책에서는 실루리아기의 작은 생물들을 가둔 헤리퍼드셔의 예(화산재 편 참조)와 물고기 화석을 입체적으로 남긴 산타나층의 예(입체 편 참조)를 이미 소개했다. 지금부터는 결핵체에 대해 자세히 알아보자.

결핵체는 '단괴nodule'라고도 하는 바윗덩어리를 말한다. 형태는 구 또는 타원체가 많다. 크기는 다양한데, 탁구공보다 작은 것에서부터 운동회 공굴리기 게임 때 쓰이는 공보다 더 큰 것까지 있다.

산타나층의 물고기 화석에서 본 것처럼 결핵체 속에는 질 좋은 화석이 들어 있는 경우가 많다. 암모나이트 껍데기는 세세한 구조가 분명하게 남아 있고, 경우에 따라서는 옛 광택마저 잘 유지하고 있는 것도 있다.

그 밖에도 이매패류, 수장룡류, 고래류 등 다양한 동물 화석이 전 세계 각지에서 발견되는 결핵체 속에 들어 있다. 이들 동물은 모두 수중에서 생활한다는 공통점이 있다. 아주 극히 드물게 공룡 등 육상동물 화석이 결핵체 속에서 발견되는 경우도 있다. 그 경우는 사체가 바다로 떠밀려온 후 결핵체로 보존된 것으로 짐작한다.

수생동물 화석 전문가가 현장에서 화석을 찾을 때는 먼저 눈으로 결핵체를 찾아낸다. 대부분의 경우 결핵체는 겉으로 보기만 해서는 안에 무엇이 들었는지 알 수 없다. 그래서 발견한 결핵체를 '일단 깨는' 작업은 전문가의 기본적인 행동 중 하나다.

이는 보물찾기와 비슷한 작업일지도 모른다. '지질도'라는 보물 지도를 보고, 화석이 있을 법한 지층을 특정하는 것이다. 연구 동료들과 정보를 공유하면서 어느 지역의 어떤 장소에 그 지층이 노출되어 있는지 좁혀나간다. 그렇게 해서 현장을 찾아 결핵체라는 보석 상자를 발견했을 때 그 흥분감 그리고 결핵체를 쪼갤 때의 설렘은 말로 표현하기 힘들다.

나는 학부-대학원 시절 홋카이도로 야외 조사를 떠났을 때 이런 식으로 화석 탐사를 했다. 화석을 찾아, 발견한 장소를 기록하고, 주변 지층과의 관계를 분석했다. 대략적으로 말하면 그런 연구였다.

조사는 기본적으로 혼자 진행했지만, 상황을 확인하거나 아직 경험이 부족한 학생을 지도하기 위해 이따금 조교가 학생 두 명을 데리고 연구 현장에 찾아오기도 했다. 지름 50센티미터는 될 법한 대형 결핵체를 발견할 때도 그랬다.

자그마치 50센티미터라니! 커다란 결핵체에는 커다란

'결핵체를 발견하면 일단 쪼개기'는 화석 채집을 할 때 기본 중의 기본. 표면을 잘 보고 어느 정도 내용물을 짐작한 다음에 쪼개는 전문가도 있다. 채집을 할 때는 전용 망치와 목장갑 등 필요한 장비를 갖춰야 한다.

화석이 들어 있을 때가 많다. 안에 과연 어떤 '대물'이 들어 있을까? 하며 모두 엄청나게 흥분했다. 지름 50센티미터인 바위의 무게란……. 하지만 그때 우리는 다들 묘하게 스위치가 눌려 있던 상태여서 무게 따위는 안중에도 없었다. 파낸 그 결핵체를 어떻게든 임산 도로에 주차한 차까지 가지고 돌아왔다.

다음 날, 우리는 가까운 박물관을 찾아 대형 망치를 빌렸다. 결핵체가 너무 커서 내가 가진 망치로는 깰 수 없었기 때문이다. 학예사에게 망치 사용법을 배워 가면서 시간을 들여 결핵체를 쪼개는 데 겨우 성공했다. 그런데……,

아무것도 없었다.

그 결핵체에는 아무 화석도 없었던 것이다.

그때 느낀 허탈감을 아직까지 생생히 기억하고 있다. 이렇게 고생해서 찾아내 파내고 쪼개는 것까지 성공했으나 '속이 텅 빈' 결핵체를 찾는 일은 사실 잦은 편이다. 그야말로 보물찾기인 것이다.

여러 가지 결핵체

2017년 봄, 나고야 대학 박물관에서 결핵체를 모은 기획전이 열렸다. 특별히 그곳의 허가를 얻어 촬영한 표본들을 지금부터 소개한다.

먼저 마치 행성처럼 둥근 모양을 한 결핵체[01]가 있다. 미야자키宮崎 현 미야코노조都城 시에 분포하는 고제3기 지층에서 산출된 것으로 지름 약 50센티미터에 무게는 약 40킬로그램에 달하는 대물이다. 안에 화석은 확인되지 않았다. 내가 학창 시절 홋카이도에서 발견한 결핵체도 이 정도 크기였던 듯하다.

결핵체의 크기는 다양한데, 지름 50센티미터인 대물도 있

는가 하면 탁구공보다 더 작은 것[02]도 있다. 홋카이도 나카
가와초中川町를 흐르는 데시오天塩川 강을 따라 노출된 백악기
지층에서는 지름 1~2센티미터인 결핵체가 많이 나온다. 이
것들을 쪼개도 안에 아무것도 들어 있지 않을 것 같았지만,
단면을 갈아냈더니 '어떠한 모양'이 보였다고 한다.

암모나이트의 일부

시가滋賀 현 고카甲賀 지역에 분포한 신제3기 마이오세 지층에서는 수 센티미터에서 20센티미터 정도의 결핵체[03]가 발견되었다. 안에 게 집게발과 이매패 등이 들어 있는 것이 많았다.

홋카이도 미카사三笠 시의 백악기 지층에서 발견된 지름 15센티미터 정도의 결핵체는 언뜻 보기에 '평범한 결핵체' 같지

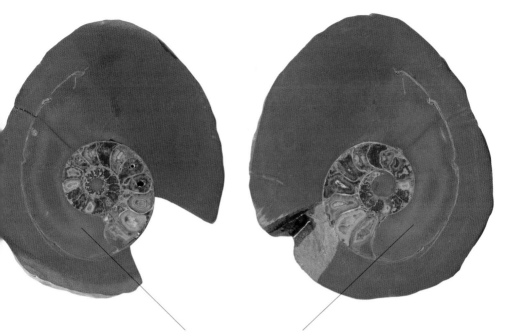

주방(住房, 연체부가 들어 있는 공간)

만, 자세히 살펴보면 암모나이트 껍데기의 일부[04]가 모습을 드러내고 있다. 깨보지 않아도 알 수 있는 '당첨' 결핵체다. 나도 학창시절에 비슷한 것을 발견한 적이 있다. 연구 현장에서 이런 결핵체를 찾았을 때는 내용물을 추측할 수 있었기 때문에 설레는 마음은 덜했지만, 대신 '꽝'이 아니라는 안도감이 있었다.

전형적인 '당첨' 결핵체는 다이아몬드 커터 등을 사용해서 반으로 쪼개 안에 포함된 표본의 단면 구조를 확인할 수도 있다. 이를테면 암모나이트가 들어 있는 결핵체[05]는 껍데기 내부에 작은 방이 이어져 있는 점이나 제일 바깥에 가장 큰 방이 있다는 사실도 알 수 있다. 참고로 이 방은 '주방'이라고 하는데, 암모나이트의 연체부가 들어 있던 곳이다.

05
속까지 꽉

영국 요크셔 지방에 분포한 쥐라기 지층에서 발견된 결핵체를 다이아몬드 커터로 절단한 것. 뚜렷하게 남은 암모나이트 내부 구조에, 결핵체의 성분이 세세한 곳까지 꽉 차 있음을 알 수 있다. 암모나이트의 껍데기 입구 쪽은 결핵체가 다소 크게 부풀어 있다. 지름 11센티미터. 나고야 대학 박물관 소장.

사진: 야스토모 야스히로/
Office GeoPalaeont

06
껍데기 입구에!
모로코 지층에서 채집한 긴 지름 약 23센티미터 암모나이트 화석. 껍데기 입구에만 결핵체가 형성되어 있다. 그것이 의미하는 바는……꼭 본문을 확인하기 바란다. 나고야 대학 박물관 소장.
사진: 야스토모 야스히로/
Office GeoPalaeont

07
화석이 크면
도야마현 도야마시의 신제3기 지층에서 산출된 뿔조개 결핵체. 크기에 따라 배열. 뿔조개의 크기에 비례해 결핵체도 커졌음을 알 수 있다. 왼쪽 끝 결핵체의 크기가 3센티미터 정도. 나고야 대학 박물관 소장.
사진: 야스토모 야스히로/
Office GeoPalaeont

　이 기획전의 표본 중에 특히 나의 눈을 사로잡았던 것은 암모나이트 껍데기 입구에만 발달한 결핵체[06]다. 모로코산 표본인데, 이 표본은 다음 항에서 소개할 결핵체의 형성 메커니즘과 밀접한 관련이 있다. 꼭 기억해두기 바란다.

결핵체의 형성 메커니즘과 관련해서는 도야마현 도야마시의 약 2000만 년 전 지층에서 발견된 뿔조개 결핵체[07]도 무척 흥미롭다. 전체가 결핵체에 뒤덮여 있는 것이 아니라 마치 동물 꼬리처럼 껍데기가 볼록 튀어나와 있다. 하나만 이런 모습이라면 우연일지도 모르지만, 다수의 결핵체에서 같은 모습이 보였다. 심지어 뿔조개 화석이 크면 클수록 결핵체도 커지는 경향이 있었다.

의외로 빠르다?

많은 결핵체의 주성분은 탄산칼슘, 그러니까 탄소와 산소와 칼슘이다. 원래 생각으로는 물 밑으로 가라앉은 동물 사체의 주변에 어떠한 이유로 이 세 원소가 모였고, 긴 시간에 걸쳐 결핵체가 형성되었다고 보았다. '긴 시간'이란 아주 막연한 인식인데 대략적으로 수만 년 이상의 시간이 걸렸다고 본다.

이 '정설'을 뒤집은 것이 2015년 나고야 대학 박물관의 요시다 히데카즈 팀이 발표한 연구다.

요시다 팀은 앞에서 소개했던 도야마시의 뿔조개 결핵체에 주목하여 뿔조개까지 통째로 절단한 결과, 결핵체의 중심에 껍데기 입구 부분이 있다[08]는 사실을 알아냈다. 하나의 표본만 그런 것이 아니었다. 다른 표본도 다 껍데기 입구가 결핵체의 중심에 위치했던 것이다.

이 점을 통해 요시다 팀은 결핵체의 재료를 뿔조개 껍데기의 입구로부터 공급받은 게 아닌가 하고 추측했다. 뿔조개 껍데기 입구에 있는 것……즉, 뿔조개의 연조직이다.

이 시점대로라면 뿔조개 화석이 크면 클수록 결핵체도 큰 경향이 있는 것도 납득이 간다. 화석이 크다는 것은 당연히 원

08
결핵체의 중심

뿔조개의 결핵체를 주변 모암까지 함께 다이아몬드 커터를 써서 반으로 가른 것. 뿔조개의 껍데기 입구가 결핵체의 중심에 있음을 알 수 있다.

사진: 야스토모 야스히로/
Office GeoPalaeont

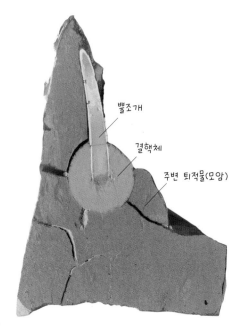

뿔조개

결핵체

주변 퇴적물(모암)

자르기 전 뿔조개 결핵체

뿔조개는 말 그대로 '뿔' 모양 조개인데, 해저 모래 또는 진흙 속에서 서식한다. 현생종이 있기 때문에 연조직의 탄소 성분과 결핵체의 탄소 성분을 비교 검토할 수 있다.

래의 연조직도 컸다는 뜻이다. 즉 재료가 많기도 했기 때문에 결핵체 역시 커졌다는 것이다

연조직은 결핵화의 재료인 탄소와 산소 성분을 포함한다. 요시다 팀은 결핵체의 탄소 성분과 현생 뿔조개의 연조직을 형성하는 탄소 성분이 동일하다는 것을 알아냈다.

참고로 뿔조개 껍데기를 형성하는 탄소 성분은 바닷물에 녹아 있는 탄소와 같지만, 연조직의 탄소와는 다르다. 탄소에도 여러 가지 종류가 있는 것이다. 이 사실을 통해 결핵체의 재료가 '껍데기'가 아니라는 것을 알 수 있다. 무엇보다도 결핵체가 껍데기를 재료로 했다면 결핵체에 자기 일부를 제공하는 것이 되므로 껍데기 화석이 텅 비어야 할 터다. 이는 결핵체 속 화석의 보존 상태가 뛰어난 점과 모순된다.

결핵체의 재료가 연조직이라면 경조직이 없는 동물이 결핵체를 형성하는 것도 가능하다. 사실 앞 항에서 소개한 미야코노조시의 대형 결핵체나 나카가와초의 소형 결핵체는 속에 뼈와 껍데기가 확인되지 않았는데, 결핵체의 성분에 생물의 연조직에 있는 탄소가 들어 있다는 사실이 밝혀졌다. 참고로 미야코노조시의 결핵체에는 노무라입깃해파리 한 마리 분의 탄소량이 들어 있었다고 한다. 뼈와 껍데기 등 경조직은 없어도 텅 비지는 않았던 것이다. ……그렇다는 이야기는 내가 학창시절에 찾은 '크기는 컸지만 안에 아무것도 없었던 결핵체' 역시 대학에 가져가 화학 분석을 했다면 뭔가 새로운 발견으로 이어졌을지도 모른다. 그렇게 생각하니 무척 아쉽다.

이번에는 182쪽에 소개한 모로코의 암모나이트를 떠올려주기 바란다. 어떤가? 이 암모나이트는 결핵체가 껍데기 입구부분에만 있었다. 껍데기 입구에만 결핵체가 형성되었다는 것은 그곳에서 재료를 받았다고 해석할 수 있다. 결핵체가 전체적으로 형성되지 못한 까닭은 어떠한 사고를 만나 결핵체가 생기던 도중에 중단되어서일지도 모른다. 아니면 이 개체는 연조직이 작았던 걸까…….

결핵체의 주요 성분으로 탄소와 산소 이외에도 칼슘을 들 수 있다. 칼슘은 바닷물 속에 녹아 있다. 물속에서 연조직이 부패하면 탄소와 산소 성분이 공급되고, 바로 직후 칼슘과 반응해서 결핵체가 형성된다. 그리고 공급원인 연조직이 없어지면 형성을 멈춘다.

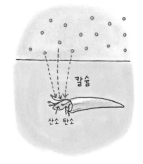
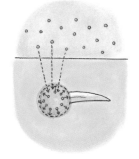
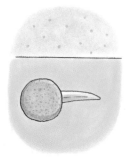

바닷물 속에 녹은
칼슘과 연조직의 탄소이온
(탄소와 산소를 포함한 성분)이
반응.

결핵체가
형성된다.

연조직이 없어지면
결핵체 형성도 멈춘다.

여기서 한 가지 의문이 생긴다. 결핵체의 재료가 동물의 연
조직이 맞다면 형성하는 데 수만 년이나 걸렸을 거라고 생각
하기란 어렵다. 영구 동토처럼 통째로 냉동되어 이른바 '시간
이 멈춘 상태'라면 모를까, 결핵체의 경우는 해저 진흙 속에서
일어나는 일이다. 과연 사체의 부패와 분해에 수만 년이나 걸
릴까?

요시다 팀은 결핵체의 단면 구조와 탄산칼슘이 만들어지는
반응 속도를 통해 결핵체의 형성 시간을 계산하는 데 성공했
다. 그 계산 결과, 지름 10센티미터의 결핵체는 1년 정도면 완
성된다고 한다. 지름 2미터인 거대한 결핵체라도 대략 10년이
면 형성되는 것이다. 종래의 인식대로 보자면 '눈 깜짝할 사이'
라고 해도 될 만큼 단기간이다.

진흙팩을 바르고 가라앉았다

앞의 내용이 사실이라면 이 방법으로 화석이 되는 것은 생각했던 것보다도 쉬울지 모른다. 여러분이 화석이 되고 싶다면 죽은 여러분 몸의 연조직이 그대로 결핵체의 재료가 되기 때문이다. 이 책에서 지금까지 봐왔던 '특별한 환경'은 필요 없다.

다만 단순히 '죽은 후에 바다에 빠지면 OK'일 만큼 간단하지는 않다. 그랬다가는 물고기를 비롯한 동물들에 의해 시신이 훼손되고 말 테니까. 설사 그런 물고기가 없다고 하더라도 부패와 분해 과정에서 나온 탄소와 산소 성분은 그대로 물속에서 퍼져 사라지고 말리라. 결핵체를 형성하려면 물속 칼슘 성분과 반응하는 동안 시신 주변에 탄소와 산소 성분이 가득해야 할 필요가 있다.

물고기들에 의해 훼손되지 않고 부패나 분해에 의해 나온 물질이 바닷물 속으로 퍼지지 않게 하려면 해저 진흙 속에 묻혀야 한다. 진흙은 물이 포함된 비율이 높을수록 이상적인데, 이를테면 점토 같은 진흙이 좋겠다. 바다에 잠기기 전에 온몸에 점토를 칠하는 게 좋은 방법일 수 있다.

잘만 하면 여러분의 연조직을 재료 삼아 결핵체가 형성되기 시작했다가 연조직이 다 동이 나는 시점에 끝난다. 이 장에서 봐온 것은 무척추동물의 결핵체였는데, 척추동물의 경우는 해양 포유류의 예가 있다. 예컨대 고래나 돌고래는 머리에 '뇌유_{腦油}'가 있기 때문인지 머리 부위가 비교적 잘 남는다고 한다.

유기물이 대량으로 있어야 큰 결핵체가 잘 형성된다. 그런 시점에서 생각하면 마른 체형보다는 통통한 체형이어야 큰 결핵체, 즉 전신을 보존할 가능성이 올라간다. 다이어트는 생각을 접는 게 좋다. 참고로 무리한 다이어트는 뼈에도 타격을 준

결핵체에 덮이려면

물속에서 탄소와
산소가 확산되지
않도록 진흙팩을 얇게
펴 바른다.

가능하면 해류가 없는
해저에 잘 가라앉고,
동물에게 훼손되지 않기를
기도한다.

잘되면 연조직을 재료로
삼아 결핵체가 생성되어
몸이 완전히 덮일 수
있을지도 모른다.

다. 화석으로 남고 싶다면 결핵체 형성과 상관없이 다이어트는
추천하지 않는다.

이 방법을 쓸 때 옷이 남을지 남지 않을지는 성분에 따라 다
르리라. 하지만 안경과 반지 등 무기물 소품은 보존될 가능성
이 높으므로, 몸에서 떨어지지 않도록 잘 차고 있으면 결핵체
속에 그대로 남을 수 있을지도 모른다.

가라앉는 장소는 해저 중에 물살이 거의 없는 곳이 좋겠다.
먼 바다면서 수심이 깊은 곳이 바람직하겠다.

결핵체는 한 번 형성되기만 하면 아주 견고한 타임캡슐이
되어 준다. 기본적으로 결핵체는 주변 지층보다 더 단단하기
때문에 그리 쉽게 망가지지 않는다. 또 안과 밖의 화학 성분 이

자, 바위 속으로! 여러분의 몸을 결핵체로 보존할 수 있다면 안경이나 액세서리 등 소품을 찬 상태로도 화석이 될 수 있다. 다소 멋스러운 화석이 될지도 모른다. 참고로 고래 두개골의 경우 2m급 결핵체가 발견된 사례가 있다. 인간의 경우도 그와 비슷하거나 또는 그 이상으로 큰 결핵체가 될 수도 있을 것이다.

동도 거의 막아 준다.

이제 적당한 타이밍에 수면 위로 올라와 깨끗이 절단되어 완성되는 일만 남았다. 오래 기다릴 필요는 없다. 결핵체의 형성 속도는 빠르기 때문이다. 연조직이 잘 보존되어 있는 여러분이 결핵체 속에서 모습을 드러내게 될 것이다.

번외 편

재현 불가능한 특수 환경?

경조직&연조직 전부 보존율 높음

캐나다 브리티시컬럼비아의 버지스 셰일Burgess Shale에서 경조직과 연조직이 모두 잘 남아 있는 약 5억 500만 년 전 해양 동물 화석이 산출되었다. 고생대 캄브리아기의 화석이 많이 포함된 지층이다.

버지스 셰일은 과학사에서 찬란하게 빛나는 지층이다. 고생대 캄브리아기라는 시대는 생물 본체가 화석으로 잘 남은 시대 중에 가장 오래되었다. 버지스 셰일은 그런 시대의 동물상을 선명하게 기록하고 있다. 1909년 미국의 고생물학자 찰스 월컷Charles Doolittle Walcott이 이 화석층을 발견하지 않았더라면 캄브리아기에 관한 우리의 이해는 훨씬 늦어졌을 게 틀림없다.

버지스 셰일의 화석은 경조직과 연조직이 전부 잘 보존되어 있다. 딱딱한 껍데기를 가진 동물들, 이를테면 엘라티아Elrathia[01]와 올레노이데스Olenoides[02]로 대표되는 삼엽충류, 디라포라Diraphora[03] 등 완족동물의 화석은 다른 지역에서도 잘 발견된다. 한편 오토이아Ottoia[04] 같은 연충(지렁이, 회충 등 꿈틀거리며 기어가는 벌레를 이르는 말. - 옮긴이) 형태의 동물이나 오돈토그리푸스Odontogriphus[05]와 같은 연체동물도 보존되어 있다. 또 마렐라Marrella[06], 오르트로잔클루스Orthrozanclus[07], 위왁시아Wiwaxia[08]에 이르러서는 마이크로미터 수준의 미세한 구조까지 남아 구조색을 가졌을 가능성도 제기된다.

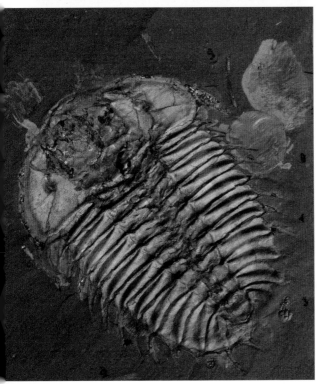

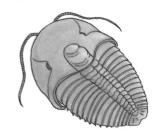

01
엘라티아(Elrathia)
삼엽충류 중 하나. 껍데기가 단단하다.
사진: ROM, Jean-Bernard Caron

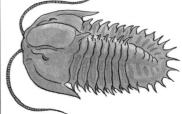

02
올레노이데스(Olenoides)
삼엽충류 중 하나. 껍데기가 단단하다.
사진: ROM, Jean-Bernard Caron

03
디라포라(Diraphora)
완족동물 중 하나. 이것 역시 껍데기가 단단하다.
스미소니언 국립 자연사 박물관 소장 표본.
사진: ROM, Jean-Bernard Caron

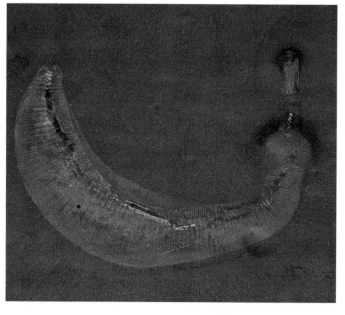

04
오토이아(Ottoia)
연충동물 중 하나. 전신이 부드럽다.
사진: ROM, Jean-Bernard Caron

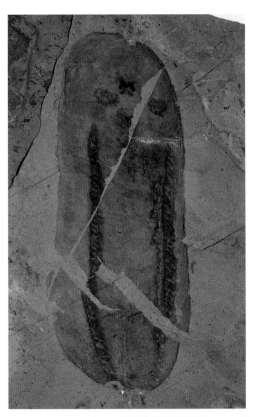

05
오돈토그리푸스(Odontogriphus)
연체동물 중 하나. 물론 부드럽다.
사진: ROM, Jean-Bernard Caron

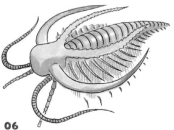

06
마렐라(Marrella)
뿔의 미세 구조가 무지갯빛을 내뿜는다.
사진: ROM, Jean-Bernard Caron

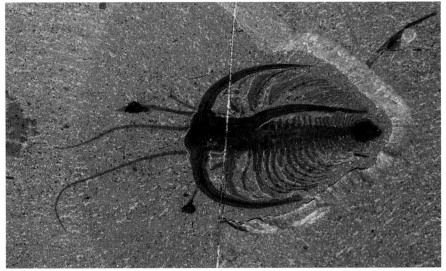

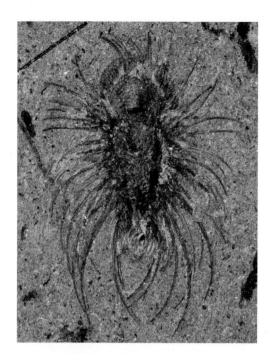

오르트로잔클루스(Orthrozanclus)

온몸을 뒤덮은 비늘의 미세 구조가 무지갯빛을 내뿜는다.

사진: ROM, Jean-Bernard Caron

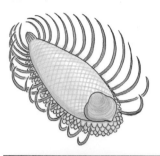

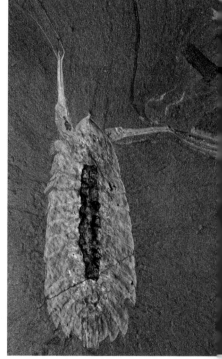

08
위왁시아(Wiwaxia)

온몸의 미세 구조가 무지갯빛을
내뿜는다.

사진: ROM, Jean-Bernard
Caron

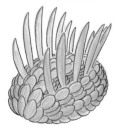

09
레안코일리아(Leanchoilia)

ROM54215 화석. 몸의 중심에 있는 검은 덩
어리는 위 속 내용물로 보인다.

사진: ROM, Jean-Bernard Caron

고유명사가 줄줄이 나와서 당황하는 독자도 있
을 텐데, 함께 실은 화석 사진과 그림을 보면서 '이
런 화석도 있구나' 정도로 생각하면 충분하다.

　버지스 셰일에서 나온 가장 보존 상태가 좋은 표본으로는
2002년에 영국 케임브리지 대학의 니콜라스 J. 버터필드Nicholas
J. Butterfield가 보고한 전체 길이 수센티미터에 불과한 절지동물
레안코일리아Leanchoilia[09]를 들 수 있다. 장갑차를 연상시키는,
마디가 있고 땅딸막한 껍데기를 가졌다. 특히 강조할 만한 부
분은 머리에 있는 두 개의 '팔'인데, 끝이 긴 채찍같이 생겼다.

　표본 번호가 ROM54215인 화석은 레안코일리아의 이런 특
징이 잘 남아 있는데, 구불구불한 물질이 몸 중앙 부분에 밀려
들어가 있었다. 그 질감은 껍데기나 주위 모암과는 달랐다. 그
밖에도 ROM54214, ROM54211 등의 표본에서도 같은 것이
확인되었다. 버터필드는 이를 '위 속 내용물'이라고 주장했다.

10
코오테나이스콜렉스
(Kootenayscolex)
화석 전체(왼쪽)와 다른
표본의 머리 부근 확대(가
운데) 그리고 특별한 현미
경으로 관찰해 신경 조직
을 알 수 있는 사진(오른
쪽).
사진: (왼쪽, 가운데) ROM,
Jean-Bernard Caron
(오른쪽) Sharon Lackie,
University of Windsor

2018년에는 캐나다 토론토 대학의 카르마 난글루Karma Nanglu와 로열 온타리오 박물관의 진 버나드 카론Jean-Bernard Caron이 환형동물(갯지렁이과, 발견하면 '등골이 오싹해지는' 무척추동물의 종류)의 신속新屬으로 코오테나이스콜렉스Kootenayscolex[10]를 보고했다. 이 표본에서는 신경 조직도 확인되었다.

경조직도 남고 연조직도 남는다. 위 속 내용물도 남는다. 신경도 남을 수 있다. 이런 화석이 되기를 바라는 독자분도 있지 않은가?

멀리 옮겨지면서도……

버지스 셰일에서 '셰일'이란 진흙이 굳어서 생기는 암석의 일종을 말한다. 셰일은 혈암이라고도 하는데, '혈(페이지, 면을 뜻함)'이라는 글자가 가리키듯이 일정 방향으로 두드리면 얇은 판 형태로 쪼갤 수 있다. 그런 의미에서는 석판 편에서 소개했던 졸른호펜의 석회암과 비슷할지도 모르겠다.

하지만 졸른호펜의 석회암과 버지스 셰일은 거기에 들어 있는 화석에 결정적인 차이가 있다. 바로 동물의 자세다.

졸른호펜의 석회암에 들어 있는 화석은 판에 동물이 자연스러운 자세로 보존되어 있다. 이를테면 새우와 암모나이트는 옆을 향한 자세였고, 시조새는 옆 또는 정면을 향하고 있었다. 그 동물 입장에서의 '넓은 면'을 위로 향하게 한, 즉 해저에 잠겼을 때의 자세가 그대로 남은 것이다.

반면 버지스 셰일의 화석들은 자세와 몸의 방향이 모두 제각각이다.[11] 몸의 측면을 보여주는 것도 있는가 하면 정면을 향한 것, 등이나 아래쪽을 보여주는 것도 있다. 졸른호펜과 같이 전부 '넓은 면'이 화석이 된 게 아닌 것이다.

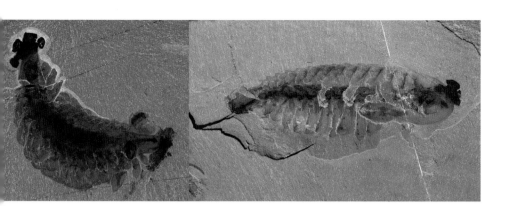

　동물을 복원하는 과정에서는 이 각기
다른 자세가 더 큰 도움이 된다. 판 형태로
납작하게 눌린 화석이라도 방향이 다양한
표본이라면 원래의 모습을 추측할 수 있기
때문이다. 즉 '삼면도'나 다름없다.

　화석 생성 과정을 연구하는 화석화과정학의 관점에서 보면
이러한 다양한 자세의 화석은 특정 사실을 강하게 시사한다.
전문 용어로 '이지성異地性, allochthonous'(또는 타지성)이라고 한다.

　이지성이란 한자 그대로 '장소가 달라진다'는 뜻이다. 즉 동
물이 죽은 곳과는 다른 장소에서 화석이 되었거나 화석이 된
후에 이동했다는 이야기이다. 이는 이 책에서 소개한 모든 화
석 광맥과 다른 부분에 해당한다. 이를테면 동굴 편의 화석은
그 동굴에서 죽은 것이었고, 영구 동토 편 역시 그 장소에서 영
구 동토에 갇혀 죽은 동물 화석들밖에 없었다.

　버지스 셰일에서 발견된 화석은 토석류에 휘말려 원래 살던
곳에서 떨어진 장소로 옮겨졌다. 그렇기 때문에 자세가 전부
제각각이 되었던 것이다.

　원래 동물은 산소가 풍부한 얕은 바다에서 살았던 것으로

버지스 혈암층의 화석은
그 자리에서 죽은 것이 아니다.
얕은 바다에 살았던 것이,

저탁류에 휩쓸려,

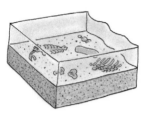

떨어진 곳에서 보존되었던 것이다.

저탁류에 휩쓸려······

짐작한다. 그곳에는 암초의 끝 부분이 벼랑처럼 우뚝 솟아 있었다고 한다.

그러던 어느 날, 이 절벽 근처 해저가 붕괴했다. 그러면서 저탁류turbidity current라고 하는 진흙으로 된 물줄기를 발생시켜 마치 눈사태처럼 동물들을 집어삼키며 깊은 바다로 이동했다. 동물들은 이리저리 치이며 진흙에 파묻혔고 그렇게 해서 동물의 사체가 심해 바닥에 퇴적되었던 것이다.

붕괴와 저탁류라는 급속한 매몰 작용이 동물 사체를 박테리아 등의 분해로부터 보호하는 데 큰 역할을 했다. 운반되어 간 곳이 산소가 부족한 심해 바닥이었다는 점도 크다. 이러한 곳에서는 동물 사체를 먹어치우는 생물이 적을 것이다.

함께 휩쓸려 온 진흙도 큰 역할을 했을 것이다. 사진으로는 알기 어렵지만, 버지스 셰일의 화석은 모암을 기울이면 반짝반짝 빛난다. 칼슘과 알루미늄 등의 광물에 의한 '피막' 반사 때문이다. 여러 문헌에서 이 광물의 성분이 진흙 속에 있었다는 사실을 들어 동물 사체가 코팅됐을 가능성을 주장하고 있다.

저탁류의 진흙과 그에 의한 급속한 매몰, 이동한 곳의 환경. 이 두 가지가 동물들의 높은 보존성을 가능하게 했던 것이다.

12
푹시안후이아
(Fuxianhuia)
머리의 거무스름한 부분에
신경계가 남아 있었다.
사진: 마 샤오야

신경과 뇌도 남다

캄브리아기의 화석이라고 하면 버지스 셰일보다 약 1000만
년 전 중국의 청장澄江에 퇴적된 지층에서 나온 것도 잘 알려져
있다. 청장에서는 버지스 셰일같이 매몰된 자세가 꼭 랜덤인
것은 아니고, 심지어 보존 상태가 상당히 좋은 화석이 다수 발
견되었다.

특히 중요한 점은 신경이 확인되었다는 것이다. 버지스 암석
의 화석에서도 신경은 확인되었지만, 청장의 화석이 더 '선명'
하다.

2012년 푹시안후이아Fuxianhuia[12] 화석에서 뇌와 시신경계가
남아 있음을 확인했다는 보고가 중국 윈난雲南 대학의 마 샤오
야馬小雅 팀에 의해 발표되었다. 푹시안후이아는 방패처럼 생긴
머리, 마디가 있는 가슴과 꼬리를 가졌고, 전체 길이 11센티미
터 정도 되는 절지동물이다. 마 샤오야 팀의 분석에 따르면 뇌

199

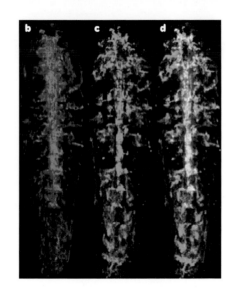

와 시신경의 구조는 현재의 새우와 게, 곤충류와 흡사하다고
한다.

2013년에는 시신경계와 중핵신경계가 남은 아랄코메네우
스*Alalcomenaeus*[13] 화석이 가나자와 대학(당시에는 군마현립자연사박
물관)의 다나카 겐고 팀에 의해 보고되었다. 이 화석은 눈이 표
주박처럼 생긴 총 길이 6센티미터 정도의 절지동물인데, 긴 촉
수(부속지)가 특징이다. 다나카 팀의 분석에 따르면 아랄코메네
우스의 신경계는 절지동물의 특징인 사다리형 신경계로 현재
의 전갈, 투구게과에 가깝다고 한다.

한 가지 사례를 더 소개하자면, 2014년 윈난 대학의 페이윤
콩叢培允 팀이 리라라팍스*Lyrarapax*[14]의 뇌신경계를 보고했다. 리
라라팍스는 당시 생태계에서 정점에 군림했던 아노말로카리
스*Anomalocaris*의 유사종으로 여기고 있다. 푹시안후이아와 아
랄코메네우스가 각각 현생 동물종과 비슷한 이른바 '진화적인
신경계'를 가진 반면 리라라팍스의 뇌신경계는 더 원시적이고
단순하다고 한다. 약 5억 1500만 년 전이라는 캄브리아기. 그

14
리라라팍스(Lyrarapax)
아노말로카리스류 중 하나. 거무스름한
부분에 신경계가 남아 있다.

사진: Peiyun Cong, Xiaoya
Ma, Xianguang Hou, Gregory
D. Edgecombe & Nicholas J.
Strausfeld

1cm

런 시대에 동물이 다양한 신경계가 발달되어 있었다는 사실은
진화사의 관점에서 볼 때 무척 흥미롭다. 이 책과 같이 화석화
과정학의 관점에서 봐도 이렇게 먼 옛날의 신경계를 확인할 수
있다는 점은 특별히 다룰 만한 가치가 있을 것이다. 그보다 더
새 시대의 화석도 신경계가 남아 있는 게 거의 없기 때문이다.

당시의 독특한 환경이……

버지스 셰일에 있던 화석은 대부분 손바닥 크기보다 작은
무척추동물이었다. 따라서 만약 같은 환경에 대형 척추동물
이 있다 치고, 동일한 상황에 놓였을 때 어떤 식으로 보존될지

는 미지수다. 다른 동물들과 똑같이 납작 눌려져 보존될까, 아니면 입체적 구조를 유지한 채로 경조직과 연조직이 전부 남는 이상적인 보존 상태가 될까, 그것은 알 수 없다. 실험해 보려면 저탁류가 발생할 법한 해저에 사체를 묻은 다음 저탁류가 발생해 심해로 운반되기를 기대하는 수밖에 없을 것이다.

한편 청장의 화석은 버지스 셰일의 화석과는 상황이 조금 다르다. 버지스 셰일의 화석이 다양한 자세로 보존된 것에 반해, 청장의 화석은 대부분 그 생물의 가장 평탄한 면이 지층면과 평행한 상태로 보존되었다. 이를 통해 청장에서는 저탁류 등에 의한 사체 운반이라든지 극단적으로 큰 이동은 없었다는 사실을 알 수 있다.

2004년 출간된 호우Xian-guang Hou 팀의 『청장 생물군 화석 도감The Cambrian Fossils of Chengjiang, China: The Flowering of Early Animal Life, Second Edition』에는 청장의 동물이 화석이 된 과정이 정리돼 있다. 청장의 화석에는 앞 항에서 소개한 것과 같은 신경 조직 이외에도 부속지 등 연조직이 잘 보존되어 있다. 위의 책에서는 그 이유로 당시 청장의 해저 근처에 산소가 부족했을 가능성을 들었다. 이 책에서도 석판 편 등에 나온 바 있는 무산소 환경이다. 산소가 없기 때문에 연조직을 분해하는 미생물이 없었고, 그 덕택에 보존될 수 있었던 것이다. 무산소 환경은 어떤 의미에서는 양질의 화석이 남을 수 있는 '확실한 방법'이라 할 수 있겠다.

다만 석판 편에도 소개되었듯이, 그 무산소 환경은 '끊임없이 퍼져나갔던 것'은 아닌 듯하다. 앞에서도 말했지만 청장의 경우는 '생활권으로부터 그리 멀지 않은 장소에서 화석이 되었다'고 본다. 죽기 전까지 그곳에서 살았던, 즉 그곳에는 산소가 있었다는 뜻이다. 그래서 위의 책에서는 해저에 퇴적물이 유입

되어 동물들이 급속도로 매몰되었거나 혹은 산소가 부족한 바닷물이 유입되어 죽음에 이르렀을 가능성을 제기하고 있다.

하지만 무산소 환경에서의 보존은 바로 석판 편에서 소개했던 졸른호펜 등 그 밖에도 볼 수 있다. 어떻게 해서 청장에서는 신경까지 남을 수 있었는지는 아직 알 수 없다. 버지스 셰일의 사례와는 달리 청장의 경우는 재현하기에는 정보가 부족한 것이 현실이다.

게다가 '버지스 셰일 유형' 또는 '청장 유형' 화석이 되고 싶은 사람에게 안타까운 소식이 있다. 사실 지금의 바다로는 그와 동일한 수준의 화석이 되기가 불가능하다는 주장이 제기된 것이다. 미국 퍼모나 칼리지Pomona College의 로버트 R. 게인즈Robert R. Gaines 팀은 버지스 셰일과 청장의 지층을 분석하여 화석 보존 매커니즘을 추적하는 연구를 2012년에 발표했다.

게인즈 팀은 사체가 미세한 입자의 퇴적에 급속도로 매몰된 점, 산소 공급이 끊긴 점 등의 중요성을 든 다음, 당시 바닷물의 화학 성분이 화석의 보존에 큰 역할을 했을 가능성을 제기했다. 캄브리아기의 바다는 바닷물 속에 포함된 황산 성분이 적었고, 알칼리성이 높았던 점 등 다양한 부분에서 특수했다고 한다.

만약 이 주장이 타당하다면 현재의 해양 환경으로는 설령 저탁류에 휩쓸려 무산소 심해로 이동했다 하더라도 광물에 의한 피막이 형성될 수 없기 때문에 버지스 셰일에서 발견된 화석과 동급으로 보존되길 기대할 수 없다. 청장의 경우는 정보가 부족하기 때문에 재현 실험을 시도하기란 불가능하다.

안타깝기 그지없다.

끝맺으며

만약 여러분이 후세 연구자라면

남기고 싶은 부위는 '머리'

지금까지 '화석이 되는 방법'을 여러 가지 소개했다. 그 중 하나라도 여러분의 마음에 드는 것이 있었다면 이 책의 목적 하나를 이룬 셈이다.

만약 여러분이 이 책에 소개된 방법에 도전하여 후세 인류 또는 훗날의 지적 생명체에게 화석으로 발견되어 연구 대상이 된다면······ 그것은 인류학이라는 분야에 대한 연구가 되리라. 그렇기에 마지막으로 '인류 화석으로 남는 방법'에 대해 전문가의 의견을 소개하며 이만 마무리 지으려고 한다.

우리 인간의 뼈는 약 200개로 이루어져 있다. 이 책에서 지금까지 봐 왔듯이 사람 크기의 동물이 온전하게 화석으로 남으려면 그에 맞는 조건이 갖추어져야만 한다. 만약 어떤 부위를 우선적으로 화석으로 만들 수 있다면, 혹은 우선순위를 반드시 매겨야만 한다면 과연 신체의 어느 부위를 골라야 좋을까?

일본 국립 과학박물관 인류 연구부에서 인류 화석을 연구하는 가이후 요스케는 '두개골'이라고 단언했다.

따지자면 모두 인류이기는 하지만 아르디피테쿠스 라미두스Ardipithecus ramidus, 오스트랄로피테쿠스 아파렌시스Australopithecus afarensis, 호모 하빌리스Homo habilis, 호모 에렉투스

Homo erectus, 호모 네안데르탈렌시스*Homo neanderthalensis* 등 많은 종류가 있다. 지금이야 '인류'라고 하면 우리 호모 사피엔스*Homo sapiens*뿐이지만 과거에는 비슷한 호모속만 해도 10종류 안팎의 종이 존재했다. 이러한 각종 인류를 분류하는 데 중요한 포인트가 되는 것이 머리라고 한다.

인류종의 분류는 머리로 정의된다. 반대로 말하면 머리를 남기지 못한다면 여러분이 호모 사피엔스에 속한다는 사실조차 알 수 없어질 가능성이 있다.

분류의 핵심이 되는 만큼 머리가 갖고 있는 정보는 많다. 이를테면 치아가 있다. 치아는 에나멜질로 덮여 있기 때문에 화석으로 남기 쉽다. 치아의 형태를 통해 주식이 잎이었는지 곤충이었는지 또는 잡식이었는지도 대략적으로 추정 가능하다. 또 화학 분석을 하면 고기, C3곡식(벼, 보리, 콩 등), C4곡식(사탕수수, 옥수수 등), 민물고기, 바닷고기 등을 어느 정도의 비율로 먹었는지도 상당히 정확하게 알 수 있다.

두개골이 남으면 뇌의 크기를 조사할 수 있다. 뇌의 크기가 '아이큐'와 직결되는지에 관해서는 논의가 필요하다고 하더라도 '뇌의 용량'이라는 정보가 남는다는 점은 놓칠 수 없다. 후세 인류도, 훗날의 지적 생명체도 우리의 두개골 화석을 통해 추측한 뇌 용량을 자신들과 비교해 보며 다양하게 논의할 게 틀림없다.

루시의 '오독'

지금까지 알려진 인류 화석 가운데 가장 유명한 표본은 아마도 루시[01]일 것이다. 'AL-288-1'이라는 표본번호를 가진 이 개체는 1974년 에티오피아의 약 320만 년 전 지층에서 발견된 오스트랄로피테쿠스 아파렌시스이다. '루시'라는 애칭은 발굴 현장의 라디오에서 흘러나온 비틀즈의 명곡 "Lucy in the Sky with Diamonds"에서 따 왔다.

발견 당시 루시는 그전까지 알려져 있던 유인원 화석 중에서 신체 요소의 보존율이 가장 높은 인류 화석이었다. 현재까지도 인류 화석으로는 최고의 보존율을 자랑하는데, 두개골에서부터 두 팔과 가슴뼈, 골반, 다리까지 다양한 부위가 남아 있다.

인류 화석의 한 개체로서 이렇게 다양한 부위가 남아 있어준 덕분에 오스트랄로피테쿠스 아파렌시스에 대한 여러 가지 사실을 알 수 있었다. 이를테면 오스트랄로피테쿠스 아파렌시스는 호모 사피엔스와 비교했을 때 팔이 더 길다는 특징이 있는데, 이 역시 팔뼈 그리고 마찬가지로 호모사피엔스와 비교할 수 있는 넓적다리뼈 등이 보존된 덕분에 알 수 있는 점이다.

루시를 발견하게 되면서 오스트랄로피테쿠스 아파렌시스에 관한 이해도가 몹시 높아졌다. 앞에서 소개했듯이 '부위'로 보존될 때는 두개골이 남는 게 좋지만, 전신이 다 남는 것은 당연히 어느 무엇과도 바꿀 수 없이 가장 바람직하다.

루시는 전신이 훌륭하게 보존되었기 때문에 개체로서의 특징이 마치 오스트랄로피테쿠스 아파렌시스를 대표하기라도 하는 듯한 대우를 받고 있다. 키와 몸무게가 특히 그 전형적인 예다. 루시는 키 약 1미터, 몸무게 약 30킬로그램으로 추측된다. 키는 일본 5세 어린이의 평균을 살짝 밑돌며, 몸무게는 초등학교 3학년의 평균치에 가깝다. 꽤 아담한 체구다.

다만 이는 발견된 오스트랄로피테쿠스 아파렌시스 중에 가장 작다. 그중에는 키 1.5미터 정도, 몸무게는 40킬로그램이 조금 넘는 개체도 확인된 바 있다. 이러한 수치는 일본의 초등

끝앺으여

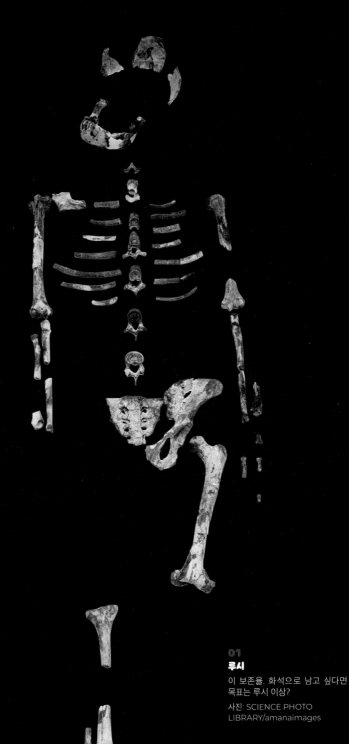

학교 6학년 평균치에 해당한다. 5세 아동과 초등학교 6학년은
꽤 차이가 크지 않은가.

루시의 사례는 한 개체의 보존만으로는 종으로서의 정보가
불충분하다는 사실을 알려주고 있다. 훗날의 지적 생명체에게
호모 사피엔스가 있었다는 사실을 분명히 인식시켜 주려면 여
러분만 화석으로 남아봐야 정보가 부족하다는 것이다. 개체수
가 많이 남아 그것들을 비교함으로써 성적이형, 즉 암수에 따
른 형태의 차이를 인식할 수 있고, 호모 사피엔스라는 종의 체
격이 어떠했는지를 알 수 있다. 사회구조도 짐작 가능할지 모
른다. 가이후는 "가능하다면 집단이 화석으로 남아 주면 고맙
겠지요." 라고 말했다.

'쓸데없는 행동'은 하지 않기를

집단이 화석으로 남아 주면 고맙다고 했지만, 뼈가 뒤섞일
정도로 가까운 곳에서 화석이 되면 이야기가 좀 다르다. 개체
를 분간하기 어려워지기 때문이다. 화석이 될 때의 위치 관계
에는 주의가 필요하다고 할 수 있을 것이다.

여러분의 화석이 발견되는 시기가 몇 년 후인지에 따라 달
라지겠지만, DNA를 남길 수 있다면(그리고 후세 인류 및 지적 생명
체가 DNA 해독 기술을 가지고 있다면) 전할 수 있는 정보는 훨씬 많
아진다. 하지만 그러려면 어느 정도 한랭한 지역에서 화석이 되
어야 한다. 가이후의 말에 따르면 인도네시아 등 온난한 지역
에서 발견되는 인류 화석은 DNA가 손상되어 해석이 어렵다고
한다. 산성 토양이 주를 이루는 일본열도에서도 자연 상태로
DNA를 보존할 수 있는 화석이 되기를 기대하기는 어렵다. 물
론 화장도 절대 금지다. 불에 타서 가루가 된 뼈에는 아무런 정

보도 남을 수 없다.

부장품으로 무엇을 남길 것인가 하는 점은 별로 신경 쓸 필요가 없어 보인다. '연구자의 시점에서 보면 『부장품이 하나도 없다』는 것 또한 소중한 정보가 될 수 있다'고 가이후는 주장한다.

참고로 "화석이 되고 싶은 사람에게 인류학 전문가로서 해 주고 싶은 말이 있습니까?" 하고 가이후에게 물으니, 쓸쓸하게 웃으면서 다음과 같이 대답해 주었다. "쓸데없는 행동, 특이한 행동은 하지 않길 바랍니다. 연구자가 오독할 수 있으니까요."

가본 적 없는 장소에 가서 화석이 되거나 그때까지는 가지고 있지도 않았던 물건을 기념이라면서 일부러 소지해 같이 화석으로 남긴다거나…… 그렇게 평소와 다른 행동을 하면 연구자가 혼란을 느낄 뿐이니 피하는 것이 좋다. 어디까지나 '일상'이 가장 좋다.

자, 마지막으로 하고 싶은 이야기까지 마쳤으니 이제 슬슬 정리해 보겠다.

조금 독특했던 사고실험, 어떻게 느끼셨는지? 자신 또는 자신의 소중한 무언가를 긴 세월 보존해 화석으로 만들어 아득히 먼 미래에 발견되는 모습을 상상해 보는 것. 그것도 구체적이면서 과학적으로. 그러한 '지적인 즐거움'을 드리는 것이 이 책이 목적이었다. 다만 국내에서 여러분이 화석이 되기 위한 방법을 직접 실행에 옮긴다면 제일 처음에 밝혔듯이 법에 걸릴 수 있으므로 모쪼록 조심하시기를.

좀 더 자세히 알고 싶은 분을 위한 참고자료

이 책을 집필하면서 특별히 참고했던 주요 문헌은 다음과 같다(주로 단행본, 언론 기사, 웹사이트, 학술지 순서로 나열되어 있다). 번역이 되어 있는 것은 일반적으로 구하기 쉬운 번역서를 참고했다. 또 웹사이트는 전문 연구기관 또는 연구자, 그와 관계된 조직 및 개인이 운영하는 곳을 참고했다. 웹사이트의 정보는 어디까지나 집필 시점에서 얻은 정보임을 밝힌다.

※ 이 책에 등장하는 연대치는 특별한 설명이 없는 한, International Commission on Stratigraphy에서 발행한 지질연대표(International Stratigraphic Chart) 2017/2를 사용했다.

1 입문 편

Christopher McGowan, *Dinosaurs, Spitfires, and Sea Dragons*(Harvard University Press, 1992).

Anna K. Behrensmeyer, Andrew P. Hill, *Fossils in the Making: Vertebrate Taphonomy and Paleoecology*(University Of Chicago Press, 1980).

Ronald E. Martin, *Taphonomy: A Process Approach*(Cambridge University Press, 1999).

土屋 健, 「あなたが「化石」になる方法」, 『*Newton*(ニュートン) 2017年 06月号』(ニュートン・プレス, 2017), 118-125.

"업종 추가 검토 '동물 사체 화장 및 매장업자'에 대하여", 환경성, http://www.env.go.jp/council/14animal/y143-08/mat01.pdf

"형법(1907년 법률 제45호)", e-GOV, http://law.e-gov.go.jp/htmldata/M40/M40HO045.html

"묘지, 매장 등에 관한 법률(1953년 5월 31일 법률 제48호)", 후생노동성, http://www.mhlw.go.jp/bunya/kenkou/seikatsu-eisei15/

2 동굴 편

土屋 健, 『古第三紀・新第三紀・第四紀の生物 下巻』(技術評論社, 2016).

冨田 幸光, 『新版 絶滅哺乳類図鑑』(丸善出版株式會社, 2011).

町田 洋, 小野 昭, 河村 善也, 大場 忠道, 山崎 晴雄, 百原 新, 『第四紀学』(朝倉書店, 2003).

Michael Archer, Suzanne J. Hand, Henk Godthelp, *Australia's Lost World*(Indiana University Press, 2000).

Robert H. Gargett, *Cave Bears and Modern Human Origins*(University Press of America, 1996).

Peter Andrews, Jill Cook, *Owls, Caves, and Fossils*(University of Chicago Press, 1990).

Michael Archer, Suzanne J. Hand, Henk Godthelp, *Riversleigh*(Reed, 1994).

Gary Brown, *The Great Bear Almanac*(Lyons & Burford, 1993).

土屋 健, 「あなたが「化石」になる方法」, 『*Newton*(ニュートン) 2017年 06月号』(ニュートン・プレス, 2017), 118-125.

ジェームズ・シュリーブ, 「眠りから覚めた謎の人類」, 『ナショナル ジオグラフィック日本版2015年10月号』(日経ナショナルジオグラフィック社, 2015), 36-61. 『내셔널 지오그래픽 *National Geographic* 2015.10 한국어판』"수수께끼에 싸인 고대 인류".

특별전 도록, 『世界遺産ラスコー展』(国立科学博物館, 2016).

"남아공 초기 인류 화석, 370만 년 전의 것으로 판명(2015. 4. 2)", National Geographic, http://natgeo.nikkeibp.co.jp/atcl/news/15/040200028/

"좀 더 알고 싶은 남아프리카의 매력", South African Tourism, http://south-africa.jp/meetsouthafrica_

lists/2761/

"Bears Cave", Romanian Monasteries, http://www.romanianmonasteries.org/romania/bears-cave

"Fossils Hominid Sites of South Africa", UNESCO World Heritage Centre, http://whc.unesco.org/en/list/915

Cajus G. Diedrich, 2005, Cracking and nibbling marks as indicators for the Upper Pleistocene spotted hyena as a scavenger of cave bear (Ursus spelaeus Rosenmüller 1794) carcasses in the Perick Caves den of northwest Germany, *Abhandlung Band*, pp. 73-90.

Cajus G. Diedrich, 2009, Upper Pleistocene Panthera leo spelaea (Goldfuss, 1810) remains from the Bilstein Caves (Sauerland Karst) and contribution to the steppe lion taphonomy, palaeobiology and sexual dimorphism, Annales de Paléontologie, vol.95, pp. 117-138.

Darryl E. Granger, Ryan J. Gibbon, Kathleen Kuman, Ronald J. Clarke, Laurent Bruxelles & Marc W. Caffee, 2015, New cosmogenic burial ages for Sterkfontein Member 2 Australopithecus and Member 5 Oldowan, *Nature*, vol.522, pp. 85-88.

Laurent Bruxelles, Ronald J. Clarke, Richard Maire, Richard Ortega, Dominic Stratford, Stratigraphic analysis of the Sterkfontein StW 573 Australopithecus skeleton and implications for its age, *Journal of Human Evolution*, vol.70, pp. 36-48.

Lee R. Berger, John Hawks, Darryl J. de Ruiter, Steven E. Churchill, Peter Schmid, Lucas K. Delezene, Tracy L. Kivell et al. 2015, Homo naledi, a new species of the genus Homo from the Dinaledi Chamber, South Africa, *eLife*, 4:e09560, DOI: 10.7554/eLife.09560

3 영구 동토 편

R. Dale Guthrie, *Frozen Fauna of the Mammoth Steppe*(University of Chicago Press, 1990)

Innokentii Pavlovitch Tolmachoff, *The Carcasses of the Mammoth and Rhinoceros Found in the Frozen Ground of Siberia*(Literary Licensing, LLC, 2103)

Adrian Lister, Paul Bahn, *Mammoths: Giants of the Ice Age Revised Edition*(University of California Press, 2009)

"시베리아의 영구 동토 융해가 급속도로 진행~땅속 온도가 관측 사상 최고치를 기록하며 지표면에 극적인 변화가 발생~", JAMSTEC, 2008년 1월 18일, http://www.jamstec.go.jp/j/about/press_release/20080118/index.html

특별전 도록, 『マンモスYUKA』(パシフィコ横浜, 2013)

"동결건조란 무엇일까?", 코스모스 식품, http://www.cosmosfoods.co.jp/freezedry/whats.html

Anastasia Kharlamova, Sergey Saveliev, Anastasia Kurtova, Valery Chernikov, Albert Protopopov, Genady Boeskorov, Valery Plotnikov, Vadim Ushakov, Evgeny Maschenko, 2014, Preserved brain of the Woolly mammoth (Mammuthus primigenius (Blumenbach 1799)) from the Yakutian permafrost, *Quaternary International*, vol.406, PartB, pp. 86-93.

Daniel C. Fisher, Alexei N. Tikhonov, Pavel A. Kosintsev, Adam N. Rountrey, Bernard Buigues, Johannes van der Plicht, 2012, Anatomy, death, and preservation of a woolly mammoth(Mammuthus primigenius) calf, Yamal Peninsula, northwest Siberia, *Quaternary International*, vol.255, pp. 94-105.

Gennady G. Boeskorov, Olga R. Potapova, Eugeny N. Mashchenko, Albert V. Protopopov, Tatyana V. Kuznetsova, Larry Agenbroad, Alexey N. Tikhonov, 2014, Preliminary analyses of the frozen mummies of mammoth(Mammuthus primigenius), bison(Bison priscus) and horse(Equus sp.) from the Yana-Indigirka Lowland, Yakutia, Russia, *Integrative Zoology*, vol.9, pp. 471-480.

4 늪지대 시신 편

Bryony Coles, John M. Coles, People of the Wetlands (Thames & Hudson, 1989).

左巻 健男, 『ぷよぷよたまごをつくろう』(汐文社, 1997).

Peter Vilhelm Glob, The Bog People(New York Review Books, 2004).

Pauline Asingh, Niels Lynnerup, Grauballe Man(Jutland Archaeological Society, 2007).

カレン・E・ラング, 「湿地に眠る不思議なミイラ」, 『ナショナル ジオグラフィック日本版2007年9月号』(日経 ナショナルジオグラフィック社, 2015), 132-145.

"냉동고 속 온도는 얼마일까?", Panasonic, http://jpn.faq.panasonic.com/app/answers/detail/a_id/9962/~/

"Why are Bog Bodies Preserved for Thousands of Years?", Silkeborg Public library, http://www.tollund-man.dk/bevaring-i-mosen.asp

Heather Gill-Frerking, Colleen Healey, 2011, Experimental Archaeology for the Interpretation of Taphonomy related to Bog Bodies: Lessons learns from two Projects undertaken a Decade apart, *Yearbook of Mummy Studies*, vol.1, p69-74

H. Gill-Frerking, W. Rosendahl, 2011, Use of Computed Tomography and Three-Dimensional Virtual Reconstruction for the Examination of a 16th Century Mummified Dog from a North German Peat Bog, *International Journal of Osteoarchaeology*, DOI:10.1002/oa.1290

Niels Lynnerup, 2015, Bog Bodies, *The Anatomical Record*, vol.298, p1007-1012.

5 호박 편

土屋 健, 『古第三紀・新第三紀・第四紀の生物 上巻』(技術評論社, 2016)

Cally Hall, Gemstones(Dorling Kindersley, 1994)

Wolfgang Weitschat, Wilfried Wichard, *Atlas of Plants and Animals in Baltic Amber*(Verlag Dr. Friedrich Pfeil München, 2002)

「世界初、恐竜のしっぽが琥珀の中に見つかる」 『Newton(ニュートン) 2017年 3月号』(ニュートン・プレス, 2017), 14-15.

Lida Xing, Jingmai K. O'Connor, Ryan C. McKellar, Luis M. Chiappe, Kuowei Tseng, Gang Li, Ming Bai, 2017, A mid-Cretaceous enantiornithine (Aves) hatchling preserved in Burmese amber with unusual plumage, *Gondwana Research*, DOI: 10.1016/j.gr.2017.06.001

Lida Xing, Ryan C. McKellar, Xing Xu, Gang Li, Ming Bai, W.Scott Persons IV, Tetsuto Miyashita, Micheal J. Benton, Jianping Zhang, Alexander P. Wolfe, Qiru Yi, Kuowei Tseng, Hao Ran, Philip J. Currie, 2017, A Feathered Dinosaur Tail with Primitive Plumage Trapped in Mid-Cretaceous Amber, *Current Biology*, DOI: http://dw.doi.org/10.1016/j.cub.2016.10.008

Matt Kaplan, 2012, DNA has a 521-year half-life, nature NEWS, DOI:10.1038/nature.2012.11555

Morten E. Allentoft, Matthew Collins, David Harker, James Haile, Charlotte L. Oskam, Marie L. Hale, Paula F. Campos, Jose A. Samaniego, M. Thomas P. Gilbert, Eske Willerslev, Guojie Zhang, R. Paul Scofield, Richard N. Holdaway, Michael Bunce, 2012, The half-life of DNA in bone: measuring decay kinetics in 158 dated fossils, *Proceedings Of The Royal Society B*. 279, DOI: 10.1098/rspb.2012.1745

6 화산재 편

土屋 健, 『オルドビス紀・シルル紀の生物』(技術評論社, 2013)

土屋 健, 『古生物たちのふしぎな世界』(講談社, 2017)

三省堂編修所『コンサイス外国地名事典 第3版』(三省堂, 1998)

新版地学事典編集委員会, 『新版 地学事典』 (平凡社, 1996)

浅香 正, 『ポンペイ』 (芸艸堂, 1995)

Paul Selden, John Nudds, *Evolution of Fossil Ecosystems, Second Edition*(Academic Press, 2012)

"개형충류", 국립 과학 박물관, http://www.kahaku.go.jp/research/db/botany/bikaseki/2-kaigatamusi. html

"고대도시 폼페이는 현대 사회와 유사했다", 2016년 4월 14일, *National Geographic*, https://natgeo.nikkei-bp.co.jp/atcl/news/16/041300135/

"폼페이 희생자 석고상을 CT 촬영 당시 생활을 추측", 2016년 11월 25일, *NIKKEI STYLE*, https://style. nikkei.com/article//DGXMZO09540260V11C16A1000000?channel=DF260120166525

"Ancient fossil penis discovered", 2003년 12월 5일, *BBC NEWS*, http://news.bbc.co.uk/2/hi/science/nature/3291025.stm

"How Philips scanners brought Pompeii to life", *PHILIPS*, http://www.philips.com/a-w/about/news/archive/blogs/innovation-matters/how-philips-scanners-brought-pompeii-to-life.html

David J. Siveter, Mark D. Sutton, Derek E. G. Briggs, Derek J. Siveter, 2003, An Ostracode Crustacean with Soft Parts from the Lower Silurian, *Science*, vol.302, pp. 1749-1751.

Derek E. G. Briggs, Derek J. Siveter, David J. Siveter, Mark D. Sutton, David Legg, 2016, Tiny individuals attached to a new Silurian arthropod suggest a unique mode of brood care, *PNAS*, vol.113, no.16, pp. 4410-4415.

Mark D. Sutton, Derek E. G. Briggs, David J. Siveter, Derek J. Siveter, Patrick J. Orr, 2002, The arthropod Offacolus kingi (Chelicerata) from the Silurian of Herefordshire, England: computer based morphological reconstructions and phylogenetic affinities, Proceedings Of The Royal Society B.269, 1195-1203.

Patrick J. Orr, Derek E. G. Briggs, David J. Siveter, Derek J. Siveter, 2000, Three-dimensional preservation of a non-biomineralized arthropod in concretions in Silurian volcaniclastic rocks from Herefordshire, England, *Journal of the Geological Society*, London, vol.157, pp. 173-186.

7 석판 편

Paul Selden, John Nudds, Evolution of Fossil Ecosystems, Second Edition(Academic Press, 2012)

土屋 健, 『ジュラ紀の生物』 (技術評論社, 2015).

Karl Albert Frickhinger, *Die Fossilien von Solnhofen*(Goldschneck-Verlag, 1994).

"삼투압·탈수 현상", 소금사업센터, http://www.shiojigyo.com/siohyakka/about/data/permeation.html

"X-rays reveal new picture of 'dinobird' plumage patterns", The University of Manchester, http://www.manchester.ac.uk/discover/news/article/?id=10202

Dean R. Lomax, Christopher A. Racay, 2012, A Long Mortichnial Trackway of Mesolimulus walchi from the Upper Jurassic Solnhofen Lithographic Limestone near Wintershof, Germany, *Ichnos: An International Journal for Plant and Animal Traces*, vol.19, no.3, pp. 175-183.

Oliver W. M. Rauhut, Christian Foth, Helmut Tischlinger, Mark A. Norell, 2012, Exceptionally preserved juvenile megalosauroid theropod dinosaur with filamentous integument from the Late Jurassic of Germany, *PNAS*, vol.109, no.29, pp. 11746-11751.

Philip. L. Manning, Nicholas P. Edwards, Roy A. Wogelius, Uwe Bergmann, Holly E. Barden, Peter L. Larson, Daniela Schwarz-Wings, Victoria M. Egerton, Dimosthenis Sokaras, Roberto A. Mori, William I. Sellers, 2013, Synchrotron-based chemical imaging reveals plumage patterns in a 150 million year old early bird, *Journal of Anal. At. Spectrom*, vol.28, pp. 1024-1030.

Ryan M. Carney, Jakob Vinther, Matthew D. Shawkey, Liliana D'Alba, Jörg Ackermann, 2012, New evidence on the colour and nature of the isolated Archaeopteryx feather, *Nat. Commun.*, 3:637 DOI: 10.1038/ncomms1642

8 셰일 편

土屋 健, 『古第三紀・新第三紀・第四紀の生物 上巻』(技術評論社, 2016).

Colin Tudge, *The Link*(Hachette UK, 2009).

Paul Selden, John Nudds, *Evolution of Fossil Ecosystems, Second Edition*(Academic Press, 2012).

国立天文台, 『理科年表 平成30年』(丸善出版, 2017).

"교미 중인 거북 화석, 척추동물로는 최초", 2012년 6월 22일, *National Geographic*, http://natgeo.nikkeibp.co.jp/nng/article/news/14/6279/

"'곤충을 먹은 도마뱀을 먹은 뱀' 화석 발견", 2016년 9월 9일, *National Geographic,* http://natgeo.nikkeibp.co.jp/atcl/news/16/090900338

Gerald Mayr, Volker Wilde, Eocene fossil is earliest evidence of flower visiting by birds, *Biology Letters*, 10:20140223, http://dx.doi.org/10.1098/rsbl.2014.0223

Jens Lorenz Franzen, Christine Aurich, Jörg Habersetzer, 2015, Description of a well Preserved Fetus of the European Eocene Equoid Eurohippus messelensis, *PLoS ONE*, 10(10): e0137985, DOI:10.1371/journal.pone.0137985

Jens Lorenz Franzen, Philip D. Gingerich, Jörg Habersetzer, Jørn H. Hurum, Wighart von Koenigswald, B. Holly Smith, 2009, Complete Primate Skeleton from the Middle Eocene of Messel in Germany: Morphology and Paleobiology, *PLoS ONE*, 4(5): e5723, DOI: 10.1371/journal.pone.0005723

Krister T. Smith, Agustin Scanferla, 2016, Fossil snake preserving three trophic levels and evidence for an ontogenetic dietary shift, *Palaeobio Palaeoenv*, DOI:10.1007/s12549-016-0244-1

Shane O'Reilly Roger Summons, Gerald Mayr. Jakob Vinther, 2017, Preservation of uropygial gland lipids in a 48-million-year-old bird, *Proceedings Of The Royal Society B*. 284: 20171050, http://dx.doi.org/10.1098/rspb.2017.1050

Walter G. Joyce, Norbert Micklich, Stephan F. K. Schaal, Torsten M. Scheyer, 2012, Caught in the act: the first record of copulating fossil vertebrates, *Biology Letters*, DOI:10.1098/rsbl.2012.0361

9 보석 편

Cally Hall, Gemstones(Dorling Kindersley, 1994).

리처드 포티, 『삼엽충』, 이한음 옮김(뿌리와이파리, 2002).

Paul Selden, John Nudds, *Evolution of Fossil Ecosystems, Second Edition*(Academic Press, 2012).

Lance Grande, Allison Augustyn, John Weinstein, *Gems and Gemstones*(University of Chicago Press, 2009).

土屋 健, 「あなたが「化石」になる方法」, 『Newton(ニュートン) 2017年 06月号』(ニュートン・プレス, 2017), 118-125.

"기획전 미네랄즈", 도쿠시마현립박물관, http://www.museum.tokushima-ec.ed.jp/bb/chigaku/minerals/index.html

"About Opals", THE NARIONAL OPAL COLLECTION, http://www.nationalopal.com/opals/about-opals-gemstone.html

"Umoonasaurus demoscyllus", AUSTRALIAN MUSEUM, http://australianmuseum.net.au/omoonasaurus-demoscyllus

赤羽 久忠, 古野 毅, 1993, 形成されつつある珪化木:富山県立山温泉「新湯」における珪化木生成の一例, 地質学雑誌 99巻 6號, pp. 457-466.

Benjamath Pewkliang Allan Pring, Joël Brugger, 2008, The formation of precious opal: Clues from the opalization of bone, The Canadian Mineralogist, vol.46, pp. 139-149.

Benjamin P Kear, Natalie I Schroeder. Michael S. Y Lee, 2006, An archaic crested plesiosaur in opal from the Lower Cretaceous high-latitude deposits of Australia, *Biology Letters*, vol.2, pp. 615-619.

Derek E. G. Briggs, Simon H. Bottrell, Robert Raiswell, 1991, Pyritization of soft-bodied fossils: Beecher's Trilobite Bed, Upper Ordovician, New York State, *Geology*, vol.19, pp. 1221-1224.

Keith A. Mychaluk, Alfred A. Levinson, Russell L. Hall, 2001, Ammolite: Iridescent fossilized ammonite from Southern Alberta, Canada, *Gems & Gemology*, pp. 4-25.

Thomas A. Hegna, Markus J. Maritn, Simon A. F. Darroch, 2017, Pyritized in situ trilobite eggs from the Ordovician of New York (Lorraine Group): Implications for trilobite reproductive biology, *Geology*, vol.45, no.3, pp. 199-202.

10 타르 편

土屋 健, 『古第三紀・新第三紀・第四紀の生物 下巻』(技術評論社, 2016).

冨田 幸光, 伊藤 丙雄, 岡本 泰子, 『新版 絶滅哺乳類図鑑』(丸善出版株式会社, 2011).

Paul Selden, John Nudds, *Evolution of Fossil Ecosystems, Second Edition*(Academic Press, 2012).

LA BREA TARPITS & MUSEUM, http://tarpits.org

Aleksander Wysocki, Robert S. Feranec, Zhijie Jack Tseng, Christopher S. Bjornsson, 2015, Using a Novel Absolute Ontogenetic Age Determination Technique to Calculate the Timing of Tooth Eruption in the Saber-Toothed Cat. Smilodon fatalis, *PLoS ONE*, 10(7):e0129847 DOI:10.1371/journal.pone.0129847

11 입체 편

土屋 健, 『エディアカラ紀・カンブリア紀の生物』(技術評論社, 2013).

冨田 幸光, 伊藤 丙雄, 岡本 泰子, 『新版 絶滅哺乳類図鑑』(丸善出版株式会社, 2011).

土屋 健, 『白亜紀の生物 下巻)』(技術評論社, 2015).

보도자료 "3D 화석과 '오물구덩이': 캄브리아기 오르스텐 화석의 보존 비밀을 해명", 교토대학, 2011년 4월 12일, http://www.kyoto-u.ac.jp/static/ja/news_data/h/h1/news6/2011/110412_1.htm

Andreas Maas, Andreas Baraun, Xi-Ping Dong, Philip C. J. Donoghue, Klaus J, Müller, Ewa Olempska, John E. Repetski, David J. Siveter, Martin Stein, Dieter Waloszek, 2006, The 'Orsten'-More than a Cambrian Konservat-Lagerstätte yielding exceptional preservation, *Palaeoworld*, vol.15, pp. 266-282.

David M. Martill, 1988, Preservation of fish in the Cretaceous Santana Formation of Brazil, *Palaeontology*, vol.31, Park1, pp. 1-18.

David M. Martill, 1989, The Medusa effect; instantaneous fossilization, *Geology Today*, November-December, pp. 201-205.

Dieter Waloszek, 2003, The 'Orsten' window—a three-dimensionally preserved Upper Cambrian meiofauna and its contribution to our understanding of the evolution of Arthropoda, *Paleontological Research*, vol.7, no.1, pp. 71-88.

Haruyoshi Maeda, Gengo Tanaka, Norimasa Shimobayashi, Terufumi Ohno, Hiroshige Matsuoka,

2011, Cambrian Orsten Lagerstätte from the Alum Shale Formation: Fecal pellets as a probable source of phosphorus preservation, *Palaios*, vol.26, no.4, pp. 225-231.

Mats E. Eriksson, Esben Horn, 2017, Agnostus pisiformis—A half a billion-year old pea-shaped enigma, Earth-Science Reviews, DOI:10.1016/j.earscirev.2017.08.004

12 바윗덩어리 편

土屋 健, 「あなたが「化石」になる方法」, 『Newton(ニュートン) 2017年 06月号』(ニュートン・プレス, 2017), 118-125.

보도 자료 "종래의 화석 형성 속도 개념을 뒤집다! 생물 사체를 보존하는 구 모양 결핵체의 형성 메커니즘을 해명", 나고야대학 기후대학, 2015년 9월 10일, http://www.gifu-u.ac.jp/about/publication/press/20150910-3.pdf

Hidekazu Yoshida, Atsushi Ujihara, Masayo Minami, Yoshihiro Asahara, Nagayoshi Katsuta, Koshi Yamamoto, Sin-iti Sirono et al. 2015, Early post-mortem formation of carbonate concretions around tusk-shells over week-month timescales, *Scientific Reports*, DOI:10.1038/srep14123

번외 편

Paul Selden, John Nudds, *Evolution of Fossil Ecosystems, Second Edition*(Academic Press, 2012).

鎮西 清高, 植村 和彦『地球環境と生命史』(朝倉書店, 2004).

Xian-guag Hou, Richard Aldridge, Jan Bergstrom, David J. Siveter, Derek Siveter, Xiang-Hong Feng, *The Cambrian Fossils of Chengjiang, China*(Wiley, 2004).

Ronald E. Martin, *Taphonomy: A Process Approach*(Cambridge University Press, 1999).

Gengo Tanaka, Xianguang Hou, Xiaoya Ma, Gregory D. Edgecombe, Nicholas J. Strausfeld, 2013, Chelicerate neural ground pattern in a Cambrian 'great appendage' arthropod, *Nature*, vol.502, pp. 364-367.

Karma Nanglu, Jean-Bernard Caron, 2018, A New Burgess Shale Polychaete and the Origin of the Annelid Head Revisited, *Current Biology*, vol.28, pp. 319-326.

Nicholas J. Butterfield, 2002, Leanchoilia Guts and the Interpretation of Three-Dimensional Strutures in Burgess Shale-Type Fossils, *Paleobiology*, vol.28, no.1, pp. 155-171.

Robert R. Gaines, Emma U. Hammarlund, Xianguang Hou, Changshi Qi, Sarah E. Gabbott, Yuanlong Zhao, Jin Peng, Donald E. Canfield, 2012, Mechanism for Burgess Shale-type preservation, *PNAS*, vol.109, no.14, pp. 5180-5184.

Peiyun Cong, Xiaoya Ma, Xianguang Hou, Gregory D. Edgecombe, Nicholas J. Strausfeld, 2014, Brain structure resolves the segmental affinity of anomalocaridid appendages, *Nature*, vol.513, pp. 538-542.

Xiaoya Ma, Xianguang Hou, Gregory D. Edgecombe, Nicholas J. Strausfeld, 2012, Complex brain and optic lobes in an early Cambrain arthropod, *Nature*, vol.490, pp. 258-261.

끝맺으며

Alice Roberts, *Evolution The Human Story*(Dorling Kindersley Limited, 2011).

찾아보기(용어)

찾아보기(생물명)

찾아보기(지명)

학명 일람

학명	표기
Australopithecus	오스트랄로피테쿠스
Agnostus	아그노스투스
Alalcomenaeus	아랄코메네우스
Allaeochelys	알레오켈리스
Anomalocaris	아노말로카리스
Aquilonifer	아퀼로니퍼
Archaeopteryx	시조새
Ardipithecus	아르디피테쿠스
Argentinosaurus	아르젠티노사우루스
Bison antiquus	바이슨 안티쿠스
Bison priscus	스텝 들소
Bredocaris	브레도카리스
Calamopleurus	칼라모플레우루스
Cambropachycope	캄브로파키코페
Canis dirus	다이어울프
Colymbosathon	콜림보사톤
Crocuta spelaea	동굴하이에나
Darwinius	다위니우스
Diraphora	디라포라
Elrathia	엘라티아
Eurohippus	에우로히푸스
Fuxianhuia	푸시안후이아
Geiseltaliellus	게이셀탈리엘루스
Goticaris	고티카리스
Hesslandona	헤슬란도나
Homo erectus	호모 에렉투스
Homo Habilis	호모 하빌리스
Homo naledi	호모 날레디
Homo neanderthalensis	호모 네안데르탈렌시스
Knightia	나이티아
Kootenayscolex	쿠테나이스콜렉스
Leanchoilia	레안코일리아
Lyrarapax	리라라팍스

학명	표기
Mammuthus columbi	콜럼비안 매머드
Mammuthus primigenius	프리미게니우스 매머드
Marrella	마렐라
Mesolimulus	메솔리물루스
Mammut americanum	마스토돈
Mammuthus columbi	콜럼비안 매머드
Mammuthus primigenius	프리미게니우스 매머드
Marrella	마렐라
Mesolimulus	메솔리물루스
Odontogriphus	오돈토그리푸스
Offacolus	오파콜루스
Olenoides	올레노이데스
Opabinia	오파비니아
Orthrozanclus	오르트로잔클루스
Ottoia	오토이아
Palaeopython	팔레오피톤
Panthera atrox	아메리카 사자
Panthera spelaea	동굴사자
Pumiliornis	푸밀리오르니스
Rhacolepis	라콜레피스
Sciurumimus	스키우루미무스
Shergoldana	세르골다나
Smilodon	스밀로돈
Succinilacerta	수키닐라케르타
Tietea	티에티아
Triarthrus	트리아르투르스
Tyrannosaurus	티라노사우루스
Ursus spelaeus	동굴곰
Vicaria	비카리아
Wiwaxia	위왁시아

화석이 되고 싶어
한눈에 보는 화석 생성 과정

초판 1쇄 펴냄 2020년 10월 10일

지은이 츠치야 켄
옮긴이 조민정
감수 백두성
책임편집 이송찬

펴낸곳 도서출판 이김
등록 2015년 12월 2일 (제 25100-2015-000094)
주소 서울시 은평구 통일로 684 22-206(녹번동)

ISBN 979-11-89680-24-4
값 33,000원

잘못된 책은 구입한 곳에서 바꿔 드립니다.

이 도서의 국립중앙도서관 출판예정도서목록(CIP)은 서지정보유통지원시스템 홈페이지
(http://seoji.nl.go.kr)와 국가자료공동목록시스템(http://www.nl.go.kr/kolisnet)
에서 이용하실 수 있습니다. (CIP제어번호: CIP2020038307)